普通高等教育"十三五"规划教材

数字电路与逻辑设计

主　编　蒋万君

参　编　易亚军　罗　俊

李　娜　胡佩菊

西南交通大学出版社

·成　都·

内容简介

本书从应用角度出发，在保持数字电路教材经典内容的基础上增加 VHDL 语言程序设计。主要内容有：逻辑代数基础与信息表示、半导体集成门电路、组合逻辑电路、时序逻辑电路、脉冲波形的产生与整形、D/A 与 A/D 转换、半导体存储器与可编程逻辑器件、硬件描述语言 VHDL 等。

本书以独特的视角，采用"提出问题、逻辑抽象、推导演绎"的方法展开讲述，以区别于其他教材。特别是在各章节中插入的"说明"具有概括和提升作用，"阅读材料"具有拓展视野和加深理解的作用。本书力图克服知识的简单堆砌，注重学科方法论的灌输，提出的一些方法是其他教材没有的。考虑到数字电路后续的重要课程有单片机技术，所以有些理论结合单片机原理进行分析，为后续学习单片机技术做一定的铺垫。

本书精炼实用、深入浅出，插图规范美观，章节布局合理，系统完善，可作为电子类、电气类、计算机类等专业的本科教材。

图书在版编目（ＣＩＰ）数据

数字电路与逻辑设计 / 蒋万君主编. 一成都：西
南交通大学出版社，2019.1（2021.7 重印）
ISBN 978-7-5643-6743-5

Ⅰ. ①数… Ⅱ. ①蒋… Ⅲ. ①数字电路 – 逻辑设计 –
高等学校 – 教材 Ⅳ. ①TN79

中国版本图书馆 CIP 数据核字（2019）第 017889 号

数字电路与逻辑设计	主编　蒋万君	责任编辑　李芳芳
		特邀编辑　李　娟
		封面设计　何东琳设计工作室

印张：11.5　字数：286 千

成品尺寸：185 mm × 260 mm

版次：2019 年 1 月第 1 版

印次：2021 年 7 月第 2 次

印刷：成都中永印务有限责任公司

书号：ISBN 978-7-5643-6743-5

出版发行：西南交通大学出版社

网址：http://www.xnjdcbs.com

地址：四川省成都市二环路北一段111号
　　　西南交通大学创新大厦21楼

邮政编码：610031

发行部电话：028-87600564　028-87600533

定价：35.00元

前　言

现代数字信息化时代，数字电子技术被广泛地应用于计算机、电子与通信、工业控制与检测、家用电器、物联网等诸多领域。数字电路成为高等院校计算机、电子通信、自动控制等电类专业的重要基础课程。要提高我国 IC（Integrated Circuit）技术的国际竞争能力，需要大批的微电子工程师。

如何将数字逻辑设计的基本思想和方法有机地融入传统的数字电路课程之中，又避免篇幅冗长课时不足，是作者长期教学中积极实践探索的目标。本书力求回避"以给定电路进行分析"的模式来介绍常用的逻辑电路，而是采用"提出问题、逻辑抽象、推导演绎"的方法展开讲述。即在不缺失传统数字电路课程主体理论的基础上，突出数字逻辑设计方法论的融入。本书的另一特点是借鉴电影文学的旁白手法，在一些章节中恰当地插入"说明"，这对讲述的内容具有概括和提升作用。增加的"阅读材料"具有拓展视野和加深理解的作用。考虑到数字电路的后续课程有单片机技术，所以有些理论结合单片机原理进行分析，为后续学习单片机技术做一定的铺垫。

数字电路课程的实验环节非常重要。多年来作者在实验教学中，摒弃了传统的数字电路实验箱与实验指导书，采用"电源+面包板+芯片+元器件"与实验视频相结合，精选二十多个实验提供给学生课内课外完成，其中不乏实用电路的实验。这样做的好处主要有三点：其一，鼓励学生上网搜索芯片特性及元器件参数；其二，实验从每个元件每条线入手，利于培养学生一丝不苟的工匠精神；其三，相对实验箱增强了实验的灵活性，利于激发学生的探索与创新精神。

实验可分为验证性实验和设计性实验。验证性实验比较简单，一般是对常见的组合逻辑电路和时序逻辑电路的功能进行检验，故建议实验教学的重点放在设计性实验上。教材提供的许多例题和习题均可作为设计性实验，与教材配套的还有实验视频。教材中加"*"的为选学或自学内容。

本教材为广州工商学院"十三五"质量工程资助项目，即在广州工商学院"十三五"课程与教材建设立项的资助下出版发行。教材的出版承蒙广州工商学院各级领导大力支持，承蒙电子信息工程系全体参编教师辛勤付出，承蒙电子信息工程系邹芳红教授对书稿精心审阅，在此深情鸣谢！

书中疏漏之处在所难免，恳切读者批评指正。

作　者

2019 年 1 月于广州工商学院

目　录

第1章　逻辑代数基础与信息表示

逻辑代数是由英国数学家 George Boole 于 1849 年创立的，因此逻辑代数亦叫布尔代数。这是一种建立在二元（抽象为 1 和 0）逻辑基础上的逻辑代数体系，具有与、或、非三种基本运算。逻辑代数广泛地应用于集合论、概率论和数理统计等领域，也是数字电路分析与设计中重要的数学工具。

1.1　概　述

1.1.1　模拟信号与数字信号

随着现代电子技术的发展，数字电子技术的应用越来越广泛，在许多方面取代模拟电子技术。在模拟电子技术中使用的是模拟信号（Analog Signal），如图 1.1.1（a）所示，电压随时间连续变化；在数字电子技术中使用的是数字信号（Digital Signal），如图 1.1.1（b）所示，电压在时间上的变化是不连续的。电压要么处于高电平状态（H），要么处于低电平状态（L）。

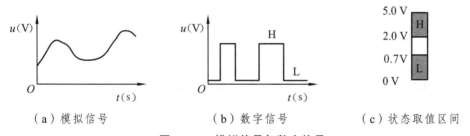

（a）模拟信号　　　　　　（b）数字信号　　　　　　（c）状态取值区间

图 1.1.1　模拟信号与数字信号

所谓的状态并非指某一固定的电压值，而是指一个允许的取值区间，或者说数字信号的高、低电平允许有一定的波动。如图 1.1.1（c）所示。

在数字电子技术中，定义的数字信号有正负逻辑之分，若将高电平状态定义为 1 状态，低电平状态定义为 0 状态，这样的数字信号称为正逻辑信号；若反过来将高电平状态定义为 0 状态，低电平状态定义为 1 状态，这样的数字信号称为负逻辑信号。这里的 1 和 0 是两种状态的抽象表示，没有大小之分。将传输数字信号的电路称为数字逻辑电路，简称数字电路。一般数字电路均采用正逻辑信号，除非特别指明是负逻辑信号。

【说明】电子计算机就是一个复杂的数字电路系统，在其内部处理、传输和存储的信号都是数字信号。32 位机的数据总线（Data BUS）是由 32 根单线并列组成的，每根单线的电平状态 1 和 0 定义为二进制数的 1 和 0，且各单线的权重由高到低依次定义为 2^{31}，2^{30}，…，

2^1，2^0。那么该数据总线就能传输 32 位的二进制数。

1.1.2　进制转换

二进制数学是德国著名数学家莱布尼兹最早提出的，1679 年莱布尼兹发表了论文《二进制算术》。因为二进制数易于电路实现且运算规则简单，例如电平的高低，开关元件的通断，电容器是否带电、人的性别等都可以用数字 1 和 0 表示，所以二进制数成为现代数字系统信息表示的基础。

1. 二进制与十六进制的定义

1）二进制数的定义

$N=k_n2^n+k_{n-1}2^{n-1}+\cdots+k_12^1+k_02^0+k_{-1}2^{-1}+\cdots+k_{-m}2^{-m}$，$k_i\in\{0,1\}$。请读者熟悉以下这些二进制数。

① 2^0，2^1，$\cdots$，2^{10}，2^{11}，2^{12}，2^{13} 这些十进制数是 1，2，$\cdots$，1024，2048，4096，8192；

② $2^n=100\cdots0B$，其中 1 后面有 n 个 0，数据之后用 B 表示二进制数；

③ $2^n-1=11\cdots1B$，其中有 n 个 1；

④ $2^{-n}=0.00\cdots01B$，其中小数点之后有 $n-1$ 个 0；

⑤ $1-2^{-n}=0.11\cdots1B$，其中小数点之后有 n 个 1。

2）十六进制数的定义

$N=k_n16^n+k_{n-1}16^{n-1}+\cdots+k_116^1+k_016^0+k_{-1}16^{-1}+\cdots+k_{-m}16^{-m}$，$k_i\in\{0,1,2,3,4,5,6,7,8,9,A,B,C,D,E,F\}$。数据之后用 H 表示十六进制数。

例如：$AC7H=1010\ 1100\ 0111B=10\times16^2+12\times16+7=2759$

2. 十进制与二进制的互换

1）2 的整幂加减拼凑法

若一个十进制数接近 2^n，采用 2 的整幂加减拼凑法转换为二进制数简明快捷。后面介绍的"除权取商法"和"减权取 1 法"也可结合使用。例如：将十进制数 135 视为 128（2^7）加 7，则其结果为 1 后面有 7 个 0 的二进制数再加上 111B，所以 135 = 10000111B。将十进制数 2034 视为 2047（$2^{11}-1$）减 13，则其结果为有 11 个 1 的二进制数再减去 1101B，所以 2034 = 11111110010B。

2）除权取商法

用十六进制数第 n 位的权重 16^n 去除十进制数，其商为十六进制数第 n 位上的数字；将其余数再用 16^{n-1} 去除，所得商为十六进制数第 $n-1$ 位上的数字；……；重复这样的运算步骤，直到容易看出某一步余数的二进制数为止。最后将每一次的商和最后一步的余数按权重拼成一个二进制数。

【例 1.1.1】将十进制数 78，915，3137 分别化为二进制数。

解：① 因为 78 除以 16 商 4 余 14，所以 78=<u>100 1110</u>B。

② $915\div16^2=3\cdots\cdots147\ \rightarrow\ 11B\cdots\cdots147$，前者为商，后者为余数，以下同。

　　$147\div16=9\cdots\cdots3\ \rightarrow\ 1001B\cdots\cdots0011B$

所以 915 = 11 1001 0011B。

③ $3137 \div 16^2 = 12 \cdots\cdots 65 \rightarrow 1100B\cdots\cdots 1000001$B，余数 65 的二进制数用口算得到。

所以 3137 = <u>1100</u> 01000001B，注意二进制数 1000001B 前必须添一个 0，使其达到 8 位，因为前段 4 位数字 1100 的权重为 16^2（即 2^8）。

3）减权取 1 法

对于较大的十进制数化为二进制数可采用"减权取 1 法"。该方法是：用十进制数减去小于该数的最大的 2^i，将其差再减去小于此差数的最大的 2^j，…，重复这样的运算步骤，直到容易看出某一步差数的二进制数为止。最后将 2^i、2^j、…，以及最后这一步差数的二进制数按权重拼成一个二进制数。

【例 1.1.2】将十进制数 3145，10000 化为二进制数。

解：

$$
\begin{array}{r}
3145 \\
- 2048(2^{11}) \\
\hline
1097 \\
- 1024\ (2^{10}) \\
\hline
73 \\
- 64\ (2^6) \\
\hline
9\ (1001\text{B})
\end{array}
\qquad
\begin{array}{r}
10000 \\
- 8192\ (2^{13}) \\
\hline
1808 \\
- 1024\ (2^{10}) \\
\hline
784 \\
- 512\ (2^9) \\
\hline
272 \\
- 256\ (2^8) \\
\hline
16\ (2^4)
\end{array}
$$

所以 3145 = 110001001001B　　　　　　　　所以 10000 = 10011100010000B

4）二进制化为十进制——四位分段法

从二进制整数的最低位起，将二进制数视为十六进制数，即每 4 位分为一段，然后按十六进制数的权重展开求和。

【例 1.1.3】将下列二进制数化为十进制数。

解：<u>1101</u> <u>0110</u>B $= 13 \times 16 + 6 = 214$

110101.10111B = <u>110</u> <u>1011</u> <u>0111</u>B$/2^5 = (6 \times 16^2 + 11 \times 16 + 7)/32 = 1719/32 = 53.71875$

3. 二进制应用举例

1）两个古典数学问题

（1）相传古代印度国王舍汗要褒奖国际象棋发明者达依尔，问他需要什么。达依尔回答说："国王只要在国际象棋棋盘（8×8 格）的第一格上放 1 粒小麦，第二格上放 2 粒小麦，第三格上放 4 粒小麦，第四格上放 8 粒小麦，按此规律一直放满整个棋盘，我心足矣。"国王居然答应了。

根据二进制数的定义，将棋盘上的小麦数用二进制数表示应为 64 个 1，那么小麦总数为 $2^{64} - 1$ 粒。1 g 小麦不足 2^5 粒，1 t 小麦不足 2^{25} 粒。国王舍汗需要支付的小麦超过 $2^{64}/2^{25} = 2^{39}$ 吨，这是一个惊人的天文数字啊！

（2）《庄子·天下篇》："一尺之棰，日取其半，万世不竭。"

根据二进制数的定义，将前 n 日所得用二进制数表示之，该数应为小数点之后有 n 个 1，其总和为 $1 - 2^{-n}$。所以 $2^{-1} + 2^{-2} + \cdots + 2^{-n} = 0.11\cdots 1B< 1$ 总是成立的。

2）二进制与含权开关量

图 1.1.2（a）是由 8 个开关和 8 个电容器组成的电路，图 1.1.2（b）是由 8 个开关和 8 个电阻组成的电路。其中电容器的取值为 $C_i = 2^i \times 1\ \mu F$（$i = 0, 1, \cdots, 7$），电阻的取值为 $R_j = 2^j \times 10\ \Omega$（$j = 0, 1, \cdots, 7$）。这是一种二进制含权电容或电阻电路，在图 1.1.2（a）中，用"1"表示开关 K_i 处于 ON 状态，用"0"表示开关 K_i 处于 OFF 状态；在图 1.1.2（b）中，用"1"表示开关 K_j 处于 OFF 状态，用"0"表示开关 K_j 处于 ON 状态。于是 8 个开关的每种组合状态对应于一个 8 位二进制数，所以电路取值为 0～255 之间的任一整数。

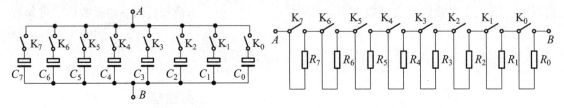

（a）含权电容电路　　　　　　　　　　　　（b）含权电阻电路

图 1.1.2　含权电容、电阻电路

【例 1.1.4】将电容 C_{AB} 的值设置为 168 μF，将电阻 R_{AB} 的值设置为 2500 Ω。

解： ① 因为 168 = 10101000B，所以在图 1.1.2（a）所示的电路中，将开关 K_7，K_5，K_3 闭合，其余 5 个开关断开。

② 因为 250 = 11111010B，所以在图 1.1.2（b）所示的电路中，将开关 K_2，K_0 闭合，其余 6 个开关断开。

1.1.3　数字系统中信息的表示

凡是存储、传输或处理数字信号的电路系统简称数字系统，例如 PC 机、单片机、手机等电子设备。在数字系统中一般以字节（1 Byte=8 bit）为基本信息单位，其具体表示的信息是由程序员定义的。

1. 机器码

1）三种定点整数的定义

设机器字长 $n+1$ 位，最高位是符号位，即正数的符号位为 0，负数的符号位为 1。

$$[X]_\text{原} = X\ (0 \leq X < 2^n) / 2^n - X\ (-2^n < X \leq 0)$$

$$[X]_\text{反} = X\ (0 \leq X < 2^n) / 2^{n+1} - 1 + X\ (-2^n < X \leq 0)$$

$$[X]_\text{补} = X\ (0 \leq X < 2^n) / 2^{n+1} + X\ (-2^n \leq X < 0,\ \text{mod}\ 2^{n+1})$$

2）操作

① 对于原码，不足 n 位的整数在符号位之后补 0；

② 正数的原码、反码和补码相同；

③ 负数的反码为其原码的尾数（除符号位的部分）按位取反；负数的补码为其反码末位加 1。

3）有关性质

① 补码加、减模其值不变；

② 0 的补码是唯一的；

③ [[X]补]补=[X]原，[[X]反]反=[X]原；

④ n 位定点整数的补码扩展为 m+n 位补码，只需将符号位向高 m 位扩展。

4）n 位无符号数

在计算机中用于表示地址码。

5）机器码的值域

① n+1 位原码与反码的值域：$-(2^n-1)\sim+(2^n-1)$；

② n+1 位补码的值域：$-2^n\sim+(2^n-1)$；

③ n 位无符号数的值域：$0\sim2^n-1$。

【例 1.1.5】设机器字长为 8 位，求 X= +57，Y= − 57 的三种机器码。

解：$X = +57 = +111001B$　　　　　　$Y = -57 = -111001B$

　　$[X]原 = \underline{0}0111001B$（最高位为符号位）　$[Y]原 = \underline{1}0111001B$

　　$[X]反 = \underline{0}0111001B$　　　　　　$[Y]反 = \underline{1}1000110B$

　　$[X]补 = \underline{0}0111001B$　　　　　　$[X]补 = \underline{1}1000111B$

2. 十进制数

十进制数的每一位由 0～9 十个数字组成，在数字系统中，1 位十进制数要用 4 位二进制数表示，即用二进制数对十进制数进行编码，这样的代码简称 BCD（Binary Coded Decimal）码。表 1.1.1 是几种常用的 BCD 码，其中 8421BCD 码是最常用的一种十进制编码。

表 1.1.1　常用 BCD 码

十进制数	8421 码	2421 码	余 3 码
0	0000	0000	0011
1	0001	0001	0100
2	0010	0010	0101
3	0011	0011	0110
4	0100	0100	0111
5	0101	1011	1000
6	0110	1100	1001
7	0111	1101	1010
8	1000	1110	1011
9	1001	1111	1100
编码规则	权 8421	权 2421	8421 码 + (11)₂

4 位二进制数共有 16 个代码，除了对十进制数字 0～9 的编码外，还有 6 个伪码，不同的 BCD 码伴有不同的伪码。在计算机中，若以 BCD 码对十进制数进行运算，一旦结果产生伪码就要对其进行修正处理。例如，当用 8421BCD 码表示的两个十进制数进行相加，若某位的和出现伪码（即大于 9）或者该位向高位产生了进位，则该位的和还要加 6 进行修正；当用 8421BCD 码表示的两个十进制数进行相减，若某位向高位产生了借位，则该位的差还要减 6 进行修正。

3. 字符

（1）西文（半角）字符的编码：ASCII 码（7 位）。存储在计算机中占 1 个字节，其标识位（即每个字节的最高位）为 0。

（2）汉字（全角）字符的编码：国标码（双 7 位）。存储在计算机中占 2 个字节，其标识位（即每个字节的最高位）为 1。

【例 1.1.6】已知存储信息 X=38H，Y=98H。求不同代码所对应的十进制真值。

解：X、Y 的原码、反码、补码、无符号数、8421BCD 码、ACSII 码如下表所示。

	原码	反码	补码（有符号数）	无符号数	8421BCD 码	ASCII 码
X=38H	+56	+56	+56	56	38	字符 '8'
Y=98H	−24	−103	−104	152	98	无定义

【说明】在数字系统中任何信息都是用二进制代码表示的，所以在数字系统中信息是可以量化的。通常用 b 表示位信息，B 表示字节信息。1 KB=2^{10} B，1 MB=2^{20} B，1 GB=2^{30} B，1 TB=2^{40} B。

1.2 逻辑代数中的基本运算及公式

1.2.1 逻辑函数

图 1.2.1 所示为某数字逻辑电路，输入信号 A_1，A_2，$\cdots$，A_n 叫作逻辑变量，输出信号 Y 叫作逻辑函数，它们的取值为逻辑值 1 或 0。显然输出信号的变化是受输入信号的影响，或者说输出信号是关于输入信号的函数，即存在逻辑函数式

$$Y = f(A_1, A_2, \cdots, A_n) \qquad (1.2.1)$$

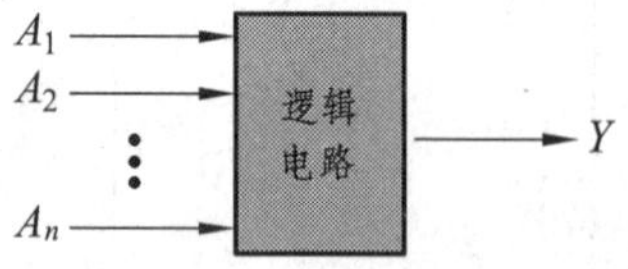

逻辑函数还可用逻辑真值表表示，见表 1.2.1。真值表的一行称为一个状态行，该行的内容是若干个变量的一组逻辑值和由此决定的函数值，n 个变量的逻辑真值表共有 2^n 个状态行。逻辑函数式和逻辑真值表可以相互转换。

图 1.2.1 逻辑函数与变量的关系

1.2.2 基本运算及公式

在逻辑代数中，与、或、非是三种基本逻辑运算，其他逻辑运算都是这三种基本运算的复合。对两个二进制数实施逻辑运算不同于算术运算，其特点是按位运算，即不产生进借位。表 1.2.1 是逻辑代数中的常见运算，其中列出了每种运算所对应的电路符号，即门电路。"何谓门，门者开关也"，所以早期文献将门电路直接叫作开关电路。表 1.2.2 是逻辑代数的基本公式，表 1.2.3 是逻辑代数的常用公式。

表 1.2.1 常见逻辑运算

逻辑运算	国际逻辑图符	国外流行图符	逻辑函数	逻辑真值表 A	B	Y
与	A,B & Y		$Y=A\cdot B$	0 0 1 1	0 1 0 1	0 0 0 1
或	A,B ≥1 Y		$Y=A+B$	0 0 1 1	0 1 0 1	0 1 1 1
非	A 1 Y		$Y=\bar A$	0 1		1 0
与非	A,B & Y		$Y=\overline{A\cdot B}$	0 0 1 1	0 1 0 1	1 1 1 0
或非	A,B ≥1 Y		$Y=\overline{A+B}$	0 0 1 1	0 1 0 1	1 0 0 0
异或	A,B =1 Y		$Y=A\oplus B$ $=\bar AB+A\bar B$	0 0 1 1	0 1 0 1	0 1 1 0
同或	A,B = Y		$Y=A\odot B$ $=\bar A\bar B+AB$	0 0 1 1	0 1 0 1	1 0 0 1
与或非	A,B,C,D & ≥1 Y		$Y=\overline{AB+CD}$	略		

1. 与运算

与运算又称逻辑乘，类似于算术乘法，只是 $A\cdot A=A$。由表 1.2.2 的第 1、2 行左边可知"信号 0 封锁与门，信号 1 开放与门"。这句话的意思是：一旦信号 0 打入与门，该与门的输出即为 0，其他输入信号就不起作用了，相当于这些信号被阻止了；信号 1 打入与门，该与门的输出取决于其他输入信号，相当于这些输入信号顺利地通过了与门。另外，与运算是多值运算，可以多个信号相与，即与门的输入端可以是多个变量。

2. 或运算

或运算又称逻辑加，类似于算术加法，只是 1+1=1，$A+A=A$。由表 1.2.2 的第 1、2 行右边可知"信号 1 封锁或门，信号 0 开放或门"。或运算也是多值运算。

3. 非运算

非运算是求逻辑变量的相反状态，常常也称为逻辑取反。非运算是单值运算，即非门的输入端只有一个变量。

4. 异或运算

异或运算又称模 2 加（减），两个变量取异或，可以视为这两个变量的值进行二进制加（减），只是进（借）位自动丢失；异或运算是当两个变量的值相同时结果为 0，当两个变量的值相异时结果为 1；同或运算则相反。同或与异或为互补运算，即同或取非为异或，异或取非为同或。另外，异或与同或运算都是双值运算，即异或门、同或门输入端一定是两个变量。

5. 反演

表 1.2.2 的第 8 行是著名的德·摩根（De·Morgan）律，亦称反演律。用一句口诀概括，就是"头上切一刀，展开运算变个号"。

【例 1.2.1】已知 X=10011001B，Y=11001110B。求 X 和 Y 的与、或、异或、同或。

解：

$$\begin{array}{cccc} & 10011001 & & 10011001 & & 10011001 & & 10011001 \\ \wedge & 11001110 & \vee & 11001110 & \oplus & 11001110 & \odot & 11001110 \\ & 10001000 & & 11011111 & & 01010111 & & 10101000 \end{array}$$

所以 $X \cdot Y=10001000B$，$X+Y=11011111B$，$X \oplus Y = 01010111B$，$X \odot Y = 10101000B$。

1.2.3 常用公式及定理

1. 常用公式

表 1.2.3 的第 3 行称为吸收法。表 1.2.3 的第 7 行：若某原变量乘以一个因子，加上其反变量乘以另一个因子，则这两个因子的乘积是多余项。

表 1.2.2 逻辑代数基本公式

行号	基本公式（左、右成对偶关系）	
0		$\overline{1} = 0; \ \overline{0} = 1$
1	$0 \cdot A = 0$	$1 + A = 1$
2	$1 \cdot A = A$	$0 + A = A$
3	$A \cdot A = A$	$A + A = A$
4	$A \cdot \overline{A} = 0$	$A + \overline{A} = 1$
5	$A \cdot B = B \cdot A$	$A + B = B + A$
6	$A(BC) = (AB)C$	$A + (B + C) = (A + B) + C$
7	$A(B + C) = AB + AC$	$A + (BC) = (A + B)(A + C)$
8	$\overline{A \cdot B} = \overline{A} + \overline{B}$	$\overline{A + B} = \overline{A} \cdot \overline{B}$
9	$\overline{\overline{A}} = A$	

表 1.2.3 逻辑代数常用公式

行号	常用公式
1	$A + AB = A$
2	$A(A + B) = A$
3	$A + \overline{A}B = A + B$
4	$A(\overline{A} + B) = AB$
5	$AB + A\overline{B} = A$
6	$(A + B)(A + \overline{B}) = A$
7	$AB + \overline{A}C + BC = AB + \overline{A}C$
8	$(A + B)(\overline{A} + C)(B + C) = (A + B)(\overline{A} + C)$
奇数行与偶数行成对偶关系	

2. 常用定理

（1）代入定理：逻辑等式两边所出现的同一变量代之以另一函数式，则逻辑等式仍成立。

（2）香农（Shannon）定理：

$$\overline{f(A_1, A_2 \cdots A_n, 0, 1, +, \cdot)} = f(\overline{A_1}, \overline{A_2}, \cdots, \overline{A_n}, 1, 0, \cdot, +)$$ （1.2.2）

式（1.2.2）是指反函数（原函数取非）可以通过对原函数中的所有变量取非，并将其中的 0 换为 1，1 换为 0，"·"换为"+"，"+"换为"·"而得到。香农定理就是德·摩根律的推广。

（3）对偶定理：若两逻辑表达式相等，则它们的对偶式也相等。

对偶式的定义：对于任何一个逻辑函数 Y，若将其中的 0 换为 1，1 换为 0，"·"换为"+"，"+"换为"·"而得到一个新的逻辑函数 Y'，Y'与 Y 互为对偶式。例如表 1.2.3 中的第 1 与第 2 行、第 3 与第 4 行、第 5 与第 6 行、第 7 与第 8 行成对偶关系。利用对偶定理，我们只要证明了某等式成立，则该等式的对偶式自然也成立。

【例 1.2.1】证明表 1.2.3 中第 3 行和第 7 行的公式。

证：$A + \overline{A}B = A(1 + B) + \overline{A}B$

$\qquad = A + AB + \overline{A}B$

$\qquad = A + B$

$AB + \overline{A}C + BC = AB + \overline{A}C + ABC + \overline{A}BC$

$\qquad = AB(1 + C) + \overline{A}C(1 + B)$

$\qquad = AB + \overline{A}C$

因等式成立，根据对偶定理可知第 4 行和第 8 行的公式也成立。

1.2.4 逻辑真值表转换为逻辑函数

由逻辑真值表写原（反）函数表达式的方法：选取函数值为 1（0）的状态行相或，每行的状态决定变量组成一个与项，状态行中取值为 1 的记为原变量，取值为 0 的记为反变量。

【例 1.2.2】 两个二进制数 $A = A_n A_{n-1} \cdots A_i \cdots A_0$，$B = B_n B_{n-1} \cdots B_i \cdots B_0$ 相加，其中第 i 位的运算是 A_i 加 B_i 再加来自低位的进位 C_{i-1}，产生本位的和 S_i 以及向高位的进位 C_i，能实现这种运算的电路叫作一位全加器，试推导其逻辑函数式并画出电路图。

解： ① 根据二进制加法运算法则得逻辑真值表，如表 1.2.4 所示。

表 1.2.4　一位全加器真值表

A_i	B_i	C_{i-1}	S_i	C_i	A_i	B_i	C_{i-1}	S_i	C_i
0	0	0	0	0	1	0	0	1	0
0	0	1	1	0	1	0	1	0	1
0	1	0	1	0	1	1	0	0	1
0	1	1	0	1	1	1	1	1	1

② 由逻辑真值表得逻辑函数式并化简

$$
\begin{aligned}
S_i &= \overline{A_i}\,\overline{B_i}C_{i-1} + \overline{A_i}B_i\overline{C_{i-1}} + A_i\overline{B_i}\,\overline{C_{i-1}} + A_iB_iC_{i-1} \\
&= \overline{A_i}(\overline{B_i}C_{i-1} + B_i\overline{C_{i-1}}) + A_i(\overline{B_i}\,\overline{C_{i-1}} + B_iC_{i-1}) \\
&= \overline{A_i}(B_i \oplus C_{i-1}) + A_i(\overline{B_i \oplus C_{i-1}}) \\
&= A_i \oplus B_i \oplus C_{i-1}
\end{aligned}
\tag{1.2.3}
$$

$$
\begin{aligned}
C_i &= \overline{A_i}B_iC_{i-1} + A_i\overline{B_i}C_{i-1} + A_iB_i\overline{C_{i-1}} + A_iB_iC_{i-1} \\
&= (\overline{A_i}B_i + A_i\overline{B_i})C_{i-1} + A_iB_i(\overline{C_{i-1}} + C_{i-1}) \\
&= (A_i \oplus B_i)C_{i-1} + A_iB_i \\
&= \overline{\overline{(A_i \oplus B_i)C_{i-1} + A_iB_i}}
\end{aligned}
\tag{1.2.4}
$$

③ 根据式（1.2.3）和式（1.2.4）得电路图，如图 1.2.2 所示。

【说明】 如何确定逻辑变量之间是"与"关系还是"或"关系呢？真值表中的一个状态行是某时刻若干个变量的取值，同时性或者说相容性决定"与"关系；真值表中不同的状态行是不同时刻若干个变量的取值，先后性或者说相斥性决定"或"关系。例如夫妻 A、B 乘地铁回家要过两种门，夫妻通过同一匝道进地铁这一事件是由 A、B 相或决定的；夫妻进家门这一事件是由 A、B 相与决定的。

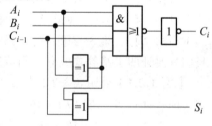

图 1.2.2　一位全加器电路

1.3　逻辑函数的标准式及化简

1.3.1　逻辑函数的标准式

1. 逻辑最小项 m_i

在 n 变量逻辑函数中，若 m_i 为包含 n 个因子的乘积项，而且这 n 个变量以原变量或反变量的形式在 m_i 中必须出现一次，则该乘积项称为逻辑最小项 m_i。

（1）逻辑最小项 m_i 脚标的确定：将 n 个变量按某种顺序排定，原变量抽象为 1，反变量抽象为 0，所得二进制数为逻辑最小项的脚标。对于四变量 $ABCD$ 的乘积，$m_9 = A\bar{B}\bar{C}D$，$m_{13} = AB\bar{C}D$。

（2）逻辑最小项 m_i 的性质：

①　在输入变量的任何取值下必有一个最小项，而且仅有一个最小项的值为 1。

②　n 变量共有 2^n 个逻辑最小项，全体最小项之和为 1。

③　任意两个最小项的乘积为 0。

2. 逻辑函数的标准式

可以将任何一个逻辑函数化为最小项之和的形式，即

$$Y = \sum m_i \tag{1.3.1}$$

3. 逻辑函数标准式的互换

$$\bar{Y} = \sum m_k \xleftrightarrow{k \neq i} Y = \sum m_i \tag{1.3.2}$$

【说明】标准式是一种与或结构的表达式，可编程逻辑器件几乎都是采用与或阵列布局。在标准式中，逻辑最小项与二进制数形成一一对应的关系，所以在许多情况下可以不必通过真值表而直接写出标准式。

【例 1.3.1】直接写出一位全加器逻辑函数的标准式。

解：一位全加器的输入有 3 个自变量，即 A_i 位加 B_i 位再加来自低位的进位 C_{i-1}，产生本位和 S_i 与向高位的进位 C_i 输出。在这三个自变量里若有奇数个 1 时，本位和 $S_i=1$；这三个自变量里若有两个 1 或三个 1 时，向高位产生的进位 $C_i=1$。利用逻辑最小项与二进制数的对应关系得

标准式：$S_i = \sum m_i \ (i = 1,\ 2,\ 4,\ 7)$，　$C_i = \sum m_i \ (i = 3,\ 5,\ 6,\ 7)$ 　　　（1.3.3）

1.3.2　逻辑函数的卡诺图表示

卡诺图是美国工程师 Karnaugh 于 20 世纪 50 年代提出的，它可以将任何逻辑函数方便地化为最简与或式。n 个变量的卡诺图由 2^n 个方格组成，每个方格对应一个逻辑最小项。图 1.3.1 是 3 变量、4 变量和 5 变量的卡诺图。2 变量的逻辑函数化简很简单，不必使用卡诺图。6 变量卡诺图可以参考 5 变量卡诺图画出，在此省略。超过 6 个变量的逻辑函数化简不能直接使用卡诺图，可以将该逻辑函数分解为多个变量数较少的逻辑函数后，再使用卡诺图化简。

如图 1.3.1 所示，3 变量卡诺图的纵坐标*取值依次为 0 和 1，横坐标*取值依次为 00，01，11，10；4 变量卡诺图的坐标值可以根据三变量卡诺图推得；5 变量卡诺图可以看作两个四变量卡诺图对称排列，左边 4 变量卡诺图的横坐标依次为 00，01，11，10，右边 4 变量卡诺图的横坐标依次为 10，11，01，00。然后在左 4 变量卡诺图各坐标值的前面添 0，在右 4 变量卡诺图各坐标值的前面添 1。这就不必死记硬背 5、6 变量卡诺图的坐标值了。

　＊为方便叙述，姑且称为横坐标、纵坐标，特此说明。

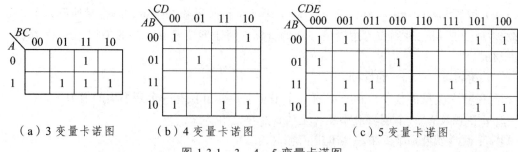

（a）3 变量卡诺图　　　　（b）4 变量卡诺图　　　　（c）5 变量卡诺图

图 1.3.1　3、4、5 变量卡诺图

用卡诺图表示某逻辑函数的方法是：首先将逻辑函数化为标准式，然后将其逻辑最小项以"1"的形式填入对应方格中，习惯上纵坐标在前横坐标排后构成逻辑最小项的对应值。在图 1.3.1 中，各卡诺图表示的逻辑函数分别是

$$Y_a = \sum m_i \ (i = 3,\ 5,\ 6,\ 7)$$

$$Y_b = \sum m_i \ (i = 0,\ 2,\ 5,\ 8,\ 10,\ 11)$$

$$Y_c = \sum m_i \ (i = 0,\ 1,\ 4,\ 5,\ 8,\ 10,\ 16,\ 17,\ 20,\ 21,\ 25,\ 27,\ 29,\ 31)$$

1.3.3　逻辑函数的公式化简

【例 1.3.2】用公式将下列逻辑函数化简为与或式。

$$Y_1 = A\bar{B} + \bar{A}B + B\bar{C} + \bar{B}C$$

$$Y_2 = B\bar{C} + AB\bar{C}E + \bar{B}(\overline{\bar{A}\bar{D} + AD}) + B(A\bar{D} + \bar{A}D)$$

$$Y_3 = AC + \bar{B}C + B\bar{D} + C\bar{D} + A(B + \bar{C}) + \bar{A}BC\bar{D} + A\bar{B}DE$$

解：

$$Y_1 = A\bar{B} + \bar{A}B + B\bar{C} + \bar{B}C$$

$$= A\bar{B} + \bar{A}B(C + \bar{C}) + B\bar{C} + (A + \bar{A})\bar{B}C$$

$$= A\bar{B} + \bar{A}BC + \bar{A}B\bar{C} + B\bar{C} + A\bar{B}C + \bar{A}\bar{B}C$$

$$= (A\bar{B} + A\bar{B}C) + (B\bar{C} + \bar{A}B\bar{C}) + (\bar{A}BC + \bar{A}\bar{B}C)$$

$$= A\bar{B} + B\bar{C} + \bar{A}C$$

$$Y_2 = B\bar{C} + AB\bar{C}E + \bar{B}(\overline{\bar{A}\bar{D} + AD}) + B(A\bar{D} + \bar{A}D)$$

$$= B\bar{C}(1 + AE) + \bar{B}(\overline{A \odot D}) + B(A \oplus D)$$

$$= B\bar{C} + (\bar{B} + B)(A \oplus D)$$

$$= B\bar{C} + (A \oplus D)$$

$$= B\bar{C} + \bar{A}D + A\bar{D}$$

$$Y_3 = AC + \bar{B}C + B\bar{D} + C\bar{D} + A(B + \bar{C}) + \bar{A}BC\bar{D} + A\bar{B}DE$$

$$= AC + \bar{B}C + A\bar{B}\bar{C} + B\bar{D} + C\bar{D}(1 + \bar{A}B) + A\bar{B}DE$$

$$= AC + A + A\bar{B}DE + \bar{B}C + B\bar{D} + C\bar{D}$$

$$= A(C + 1 + \bar{B}CD) + \bar{B}C + B\bar{D} + C\bar{D}$$

$$= A + \bar{B}C + B\bar{D}$$

显然用公式化简逻辑函数需要一定的技巧，而且也不知道化简出来的结果是否为最简与或式。但是用卡诺图可以有规律地化简逻辑函数，并且得到的结果一定是最简与或式。

1.3.4 逻辑函数的卡诺图化简

1. 逻辑相邻

如果两个逻辑最小项中仅有一个因子不同，则称这两个最小项逻辑相邻。在卡诺图中，下列情况能直观地反映最小项的逻辑相邻：

（1）相邻两格；

（2）同一行的最左边与最右边两格；

（3）同一列的最上边与最下边两格；

（4）在5、6变量卡诺图中，轴对称位置上的两格。如图1.3.1（c）中的m_{27}和m_{31}；

（5）将5、6变量卡诺图视为由多个4变量卡诺图组成，若在其中的4变量卡诺图中逻辑相邻，那么在5、6变量的卡诺图中也逻辑相邻。如图1.3.1（c）中的m_8和m_{10}。

2. 用卡诺图化简逻辑函数的方法

（1）将逻辑函数表示在卡诺图中。

（2）合并最小项：两个逻辑相邻项合并为一项并消去那个不同的因子；四个逻辑相邻项合并为一项并消去那两个不同的因子；八个逻辑相邻项合并为一项并消去那三个不同的因子……。

（3）合并最小项的原则：①尽可能将矩形圈画大一些，每个圈中有2^n个"1"；②每个圈中至少有一个未被圈过的"1"；③孤立项不能化简；④尽可能减少总圈数。

【例1.3.3】用卡诺图将下列逻辑函数化简为最简与或式。

$$Y_1 = ABC + \overline{A}CD + \overline{A}B\overline{D} + ABD + \overline{A}\overline{B}C\overline{D}$$

$$Y_2 = \overline{A\overline{C} + \overline{A}D + CD}$$

$$Y_3 = AC + BD + \overline{C} + \overline{A}BC + \overline{A}\overline{B}C$$

$$Y_4 = (\overline{A}\overline{B}C + \overline{A}B\overline{C} + AC) \oplus (AB\overline{C}D + \overline{A}BC + CD)$$

$$Y_5 = \sum m_i \ (i = 0,\ 1,\ 2,\ 3,\ 4,\ 5,\ 6,\ 10,\ 11,\ 12,\ 13,\ 14,\ 15)$$

【说明】如果逻辑函数本身是与或式，就不必将其化为标准式，可以直接将逻辑函数写入卡诺图中。例如将Y_1中的$\overline{A}CD$视为0×11，将ABC视为$111\times$；将Y_3中的AC视为$1\times1\times$，将$\overline{C}$视为$\times\times0\times$。"$\times$"表示取任意值，即需要则视为1，不需要则视为0。在卡诺图中，含一个"$\times$"的与项占2格，含两个"$\times$"的与项占4格，含三个"$\times$"的与项占8格……。合并最小项时，将上述方法反过来操作。例如，如图1.3.2所示，图1.3.2（a）中右下角的圈中有2个"1"，表示为1×10；图1.3.2（b）中右边的圈中有4个"0"，表示为$\times\times10$。

解：图1.3.2（a）中含有4个"1"的那个圈是多余的，称为冗余项或蕴藏项，它的每一个"1"都是其他圈已圈过的。除了冗余项，最后得到的都是逻辑素项，或者说最简与或式就是全部逻辑素项之和。

$$Y_1 \leftarrow 11\times1 + 1\times10 + 0\times11 + 01\times0 \qquad Y_1 = ABD + AC\overline{D} + \overline{A}CD + \overline{A}B\overline{D}$$

因为 $\overline{Y_2} = A\overline{C} + A\overline{D} + CD$ ，作 $\overline{Y_2}$ 的卡诺图，如图 1.3.2（b）所示，用圈"0"法求 $\overline{Y_2}$ 的反函数：

$$Y_2 \leftarrow \times\times10 + 0\times\times0 \qquad Y_2 = C\overline{D} + \overline{A}\overline{D}$$

$$Y_3 \leftarrow \times\times\times\times \qquad Y_3 = 1$$

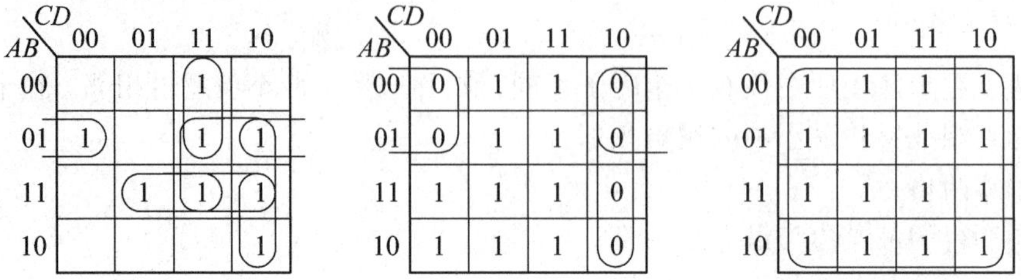

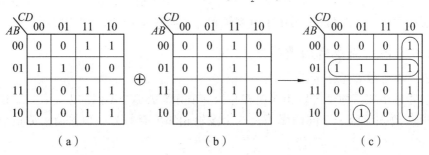

（a）Y_1 卡诺图　　　　　（b）$\overline{Y_2}$ 卡诺图　　　　　（c）Y_3 卡诺图

图 1.3.2　例 1.3.3 的 Y_1、$\overline{Y_2}$、Y_3 卡诺图

图 1.3.3　例 1.3.3 的 Y_4 卡诺图

将 Y_4 视为两个函数取异或，作这两个函数的卡诺图，并将这两个卡诺图取异或得到 Y_4 的卡诺图，如图 1.3.3 所示。由图 1.3.3（c）可知

$$Y_4 \leftarrow \times\times10 + 01\times\times + 1001 \qquad Y_4 = C\overline{D} + \overline{A}B + A\overline{B}\overline{C}D$$

Y_5 的卡诺图有多种圈法，按图 1.3.4（a）和图 1.3.4（b）分别得

$$Y_5 = \overline{A}\overline{B} + B\overline{C} + C\overline{D} + AC \qquad Y_5 = \overline{A}\overline{C} + AB + \overline{B}C + \overline{A}\overline{D}$$

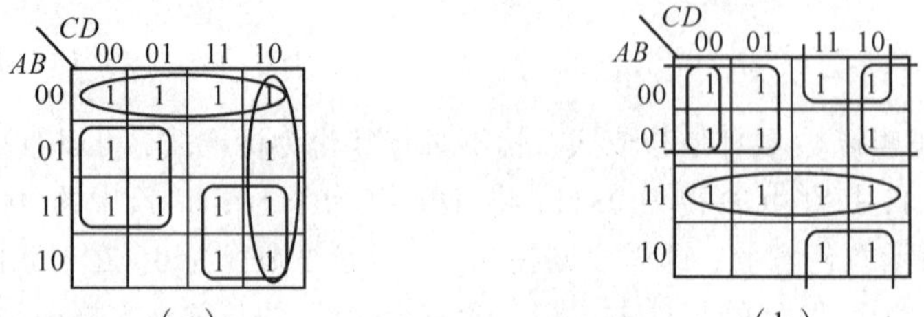

（a）　　　　　　　　　（b）

图 1.3.4　例 1.3.3 的 Y_5 卡诺图

【说明】① 两个逻辑函数进行与、或、异或、同或运算，可以用两函数的卡诺图的对应方格进行与、或、异或、同或运算。② 有时利用卡诺图化简得到的函数式不相同，即逻辑函数的最简与或式未必是唯一的，但是得到的逻辑素项的个数以及每个逻辑素项所含的变量数是一致的。

【例 1.3.4】 用卡诺图将图 1.3.1 中的逻辑函数 Y_b 和 Y_c 化为最简与或式。

$$Y_b \leftarrow \times 0 \times 0 + 101 \times + 0101 \qquad\qquad Y_b = \overline{B}\overline{D} + A\overline{B}C + \overline{A}B\overline{C}D$$

$$Y_c \leftarrow \times 0 \times 0 + 11 \times \times 1 + 010 \times 0 \qquad\qquad Y_c = \overline{B}\overline{D} + ABE + \overline{A}B\overline{C}E$$

3. 具有约束条件的逻辑函数的卡诺图化简

1）逻辑函数中的约束项

在实际电路中根本不可能出现或即使出现也不影响电路的逻辑功能的那些逻辑最小项称为约束项或无关项，记为 m_d。既然 m_d 不影响逻辑函数 Y，所以 $\sum m_d$ 应恒为 0。通常将 $\sum m_d = 0$ 称为逻辑函数的约束条件。

【例 1.3.5】 设输入数据为十进制数（8421BCD），求其"四舍五入"标识函数 F 的标准式。

解：8421BCD 对应的十进制数为 0～9。当输入数据 $D_3 D_2 D_1 D_0$ 为 0～4 时 $F=0$，当输入数据 $D_3 D_2 D_1 D_0$ 为 5～9 时 $F=1$，所以 $F = \sum m_i$ ($i = 5$，6，7，8，9)。

另外 8421BCD 的伪码应为无关项，所以 $\sum m_d$ ($d = 10$，11，12，13，14，15) $= 0$。带约束条件的逻辑函数标准式可表示为：

$$F(D_3, D_2, D_1, D_0) = \sum m_i\ (i = 5,\ 6,\ 7,\ 8,\ 9) + \sum m_d\ (d = 10,\ 11,\ 12,\ 13,\ 14,\ 15)$$

2）用卡诺图化简具有约束条件的逻辑函数

（1）将逻辑函数中的逻辑最小项用"1"表示在卡诺图中，将约束条件中的约束项用"×"表示在卡诺图中。若某方格出现"1"和"×"重合，该方格应填"1"。

（2）合并最小项和约束项：尽可能将矩形圈画大一些，每个圈中可以有任意多个"×"，但至少有一个未被圈过的"1"。

【例 1.3.6】 用卡诺图将下列具有约束条件的逻辑函数化简为最简与或式。

$Y_1 = \overline{A}\overline{B}\overline{C} + A\overline{B} + \overline{A}B$，约束条件 $AB + AC = 0$。

$$Y_2(A, B, C, D) = \sum m_i\ (i = 2,\ 4,\ 6,\ 7,\ 12,\ 15) + \sum m_d\ (d = 0,\ 1,\ 3,\ 8,\ 9,\ 11)$$

$$Y_3(D_3, D_2, D_1, D_0) = \sum m_i\ (i = 5,\ 6,\ 7,\ 8,\ 9) + \sum m_d\ (d = 10,\ 11,\ 12,\ 13,\ 14,\ 15)$$

解：作 Y_1，Y_2 和 Y_3 的卡诺图，如图 1.3.5 所示。

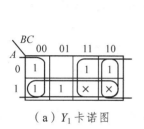
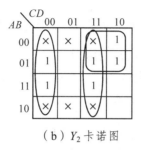
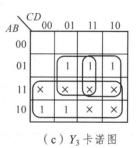

（a）Y_1 卡诺图　　　　（b）Y_2 卡诺图　　　　（c）Y_3 卡诺图

图 1.3.5　例 1.3.6 的 Y_1、Y_2 和 Y_3 卡诺图

$$Y_1 = A + B + \overline{C}$$

$$Y_2 = CD + \overline{C}\overline{D} + \overline{A}C$$

$$Y_3 = A + BC + BD$$

1.3.5 多输出逻辑函数的化简

通常一个数字逻辑系统是由多个逻辑函数构成的，用卡诺图对单个逻辑函数化简后，将若干个最简逻辑函数式集中起来构成的系统未必是最简的，即该系统的逻辑门未必是最少的。局部最简并不意味着整体最简，因此，对于多输出逻辑函数的化简应遵循局部服从整体的原则。具体方法是：利用卡诺图将每个逻辑函数化为最简，然后将每个函数式中含因子少的与项按公式膨胀开来，以尽量获得各函数式之间的公共与项。

【**例 1.3.7**】化简下列多输出逻辑函数：

$$\begin{cases} F_1(A, B, C, D) = \sum m_i\ (i = 2,\ 3,\ 5,\ 7,\ 8,\ 9,\ 10,\ 11,\ 13,\ 15) \\ F_2(A, B, C, D) = \sum m_i\ (i = 2,\ 3,\ 5,\ 6,\ 7,\ 10,\ 11,\ 14,\ 15) \\ F_3(A, B, C, D) = \sum m_i\ (i = 6,\ 7,\ 8,\ 9,\ 13,\ 14,\ 15) \end{cases}$$

解：作 F_1、F_2、F_3 的卡诺图，如图 1.3.6 所示。根据图 1.3.6 得（1.3.4）式：

$$\left. \begin{aligned} F_1 &= BD + \overline{B}C + A\overline{B} \\ F_2 &= C + \overline{A}BD \\ F_3 &= BC + A\overline{B}\overline{C} + ABD \end{aligned} \right\} \tag{1.3.4}$$

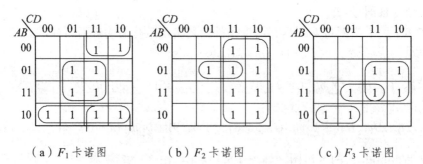

（a）F_1 卡诺图　　　　（b）F_2 卡诺图　　　　（c）F_3 卡诺图

图 1.3.6　例 1.3.7 的 F_1，F_2 和 F_3 卡诺图

对（1.3.4）式进行配项，使其 F1、F2、F3 获取最多的公共与项，得到（1.3.5）式：

$$\left. \begin{aligned} F_1 &= ABD + \overline{A}BD + \overline{B}C + A\overline{B}\overline{C} \\ F_2 &= BC + \overline{B}C + \overline{A}BD \\ F_3 &= BC + A\overline{B}\overline{C} + ABD \end{aligned} \right\} \tag{1.3.5}$$

显然用（1.3.4）式实现逻辑电路需要 3 个非门、7 个与门和 3 个或门。将（1.3.4）式变换为（1.3.5）式后只有 5 个与项，所以用（1.3.5）式实现逻辑电路则要少用 2 个与门。

习　题

1-1　将下列十进制数转换为二进制数（口算）。

① 45　　　　　　② 99　　　　　　③ 121　　　　　　④ 499

⑤ 2 050　　　　　⑥ 820　　　　　⑦ 0.75　　　　　⑧ 0.625

1-2　将下列二进制数转换为十进制数（口算）。

① $(100001)_2$　　② $(11111100)_2$　　③ $(1100000)_2$　　④ $(1010101)_2$

⑤ $(110111011)_2$　　⑥ $(110111)_2$　　⑦ $(0.011)_2$　　⑧ $(0.101)_2$

1-3　将二进制数与十进制数进行互换，小数可用分数表示。

① 175 = (　　　　)$_2$　　② 985 = (　　　　)$_2$　　③ 2008 = (　　　　)$_2$

④ $(10110010111)_2$ =　　⑤ $(101111.101)_2$ =　　⑥ $(0.1011011)_2$ =

1-4　用二进制的思想方法计算或证明下列命题：

① n 个不同的素数的乘积除了 1 和自身外，还有 2^n-2 个约数。

② 用不同面值的人民币硬币各 1 枚，最多可组合成多少种金额。

③ AC 和 BD 是围棋棋盘（18×18 格）的两条对角线，一只蚂蚁从 A 点出发沿棋盘线以最短路线爬行到对角线 BD，有多少种爬行路线。

1-5　用余 3 码表示的两个十进制数进行加减运算，试分析其结果如何修正。

1-6　用公式法将下列逻辑函数化为最简与或式。

$$Y_1 = A\bar{B} + B + \bar{A}B$$

$$Y_2 = A\bar{B}C + \bar{A} + B + \bar{C}$$

$$Y_3 = \overline{\bar{A}BC} + \overline{A\bar{B}}$$

$$Y_4 = A\bar{B}CD + ABD + A\bar{C}D$$

$$Y_5 = A\bar{C} + ABC + AC\bar{D} + CD$$

$$Y_6 = A\bar{B}(\bar{A}CD + \overline{AD + \bar{B}\bar{C}})(\bar{A} + B)$$

$$Y_7 = AC(\bar{C}D + \bar{A}B) + BC(\overline{\overline{\bar{B} + AD} + CD})$$

$$Y_8 = A + (\overline{B + \bar{C}})(A + \bar{B} + C)(A + B + C)$$

$$Y_9 = AC + ACD + ABEF + B(D \oplus E) + BCDE + BCDE + ABEF$$

1-7　两个二进制数 A_1A_0 和 B_1B_0 的乘积为 $D_3D_2D_1D_0$，试列出其逻辑真值表。

1-8　用卡诺图将下列函数化为最简与或式。

$$Y_1 = ABC + ABD + \bar{C}D + A\bar{B}C + \bar{A}C\bar{D} + A\bar{C}D$$

$$Y_2 = A\bar{B} + \bar{A}C + BC + \bar{C}D$$

$$Y_3 = \bar{A}\bar{B} + B\bar{C} + \bar{A} + \bar{B} + ABC$$

$$Y_4 = \bar{A}\bar{B} + AC + \bar{B}C$$

$$Y_5 = AB\bar{C} + \bar{A}\bar{B} + \bar{A}D + C + BD$$

$$Y_6(A,\ B,\ C) = \sum m_i\ (i = 0,\ 1,\ 2,\ 3,\ 6,\ 7)$$

$$Y_7(A,\ B,\ C) = \sum m_i\ (i = 1,\ 3,\ 5,\ 7)$$

$$Y_8(A, B, C, D) = \sum m_i \ (i = 0, 1, 2, 3, 4, 6, 8, 9, 10, 11, 14)$$

$$Y_9(A, B, C, D) = \sum m_i \ (i = 0, 1, 2, 5, 8, 9, 10, 12, 14)$$

1-9 将下列带约束条件的逻辑函数化为最简与或式。

$$\begin{cases} Y_1 = \overline{A + C + D} + \overline{A}\overline{B}CD + A\overline{B}\overline{C}D \\ A\overline{B}C\overline{D} + A\overline{B}CD + AB\overline{C}\overline{D} + AB\overline{C}D + ABC\overline{D} + ABCD = 0 \end{cases}$$

$$\begin{cases} Y_2 = C\overline{D}(A \oplus B) + \overline{A}B\overline{C} + \overline{A}CD \\ AB + CD = 0 \end{cases}$$

$$\begin{cases} Y_3 = (A\overline{B} + B)C\overline{D} + \overline{(A + \overline{B})(B + C)} \\ ABC + ABD + ACD + BCD = 0 \end{cases}$$

$$Y_4(A, B, C, D) = \sum m_i \ (i = 3, 5, 6, 7, 10) + \sum m_d \ (d = 0, 1, 2, 4, 8)$$

$$Y_5(A, B, C) = \sum m_i \ (i = 0, 1, 2, 4) + \sum m_d \ (d = 3, 5, 6, 7)$$

$$Y_6(A, B, C, D) = \sum m_i \ (i = 2, 3, 7, 8, 11, 14) + \sum m_d \ (d = 0, 5, 10, 15)$$

1-10 利用卡诺图之间的运算，将下列函数化为最简与或式。

$$Y_1 = (AB + \overline{A}C + \overline{B}D)(A\overline{B}\overline{C}D + \overline{A}CD + BCD + \overline{B}C)$$

$$Y_2 = (\overline{A}\overline{B}C + \overline{A}B\overline{C} + AC) \odot (A\overline{B}\overline{C}D + \overline{A}BC + CD)$$

$$Y_3 = (\overline{A}\overline{C}D + \overline{B}\overline{D} + BD) \oplus (\overline{A}B\overline{D} + \overline{B}D + BC\overline{D})$$

第2章　半导体集成门电路

集成电路（Integrated circuit）是把电路所需要的晶体管、电阻和电容等元件制作在一小块硅片上，再用适当的工艺进行互连封装，使整个电路的体积很小。随着微电子技术的飞速发展，表征半导体工艺水平的线宽已经达到纳米级，一块硅片的集成度可达数千万门，而构成门电路的基本元件主要是半导体开关元件。本书只介绍半导体开关元件的外部特性，其内部物理机理请参考相关书籍。

2.1　半导体开关元件

2.1.1　晶体二极管

如图 2.1.1（a）所示，晶体二极管是由 P 型半导体和 N 型半导体接触在一起形成的。在 P 型半导体和 N 型半导体接触面会形成一个 PN 结，这个 PN 结具有单向导电性。图 2.1.1（b）是晶体二极管的电路符号，其中 u_D 定义为阳极电位与阴极电位之差。图 2.1.1（c）是晶体二极管的伏安特性曲线。由该曲线可知：当 $u_D \geq U_{ON}$（0.7 V）时，二极管处于导通状态。其特征是导通电压 $U_D = 0.7$ V，导通内阻 $r_D \approx 0$；当 $u_D < U_{ON}$ 时，二极管处于截止状态。其特征是电流 $i_D \approx 0$，截止内阻 $r_D \to \infty$。

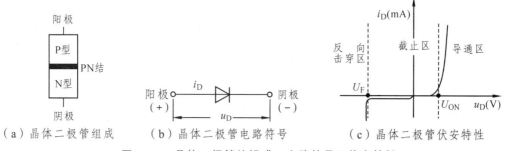

（a）晶体二极管组成　　（b）晶体二极管电路符号　　（c）晶体二极管伏安特性

图 2.1.1　晶体二极管的组成、电路符号及伏安特性

二极管的这些特性称为二极管的单向导电性。若 $u_D < U_F$（至少几十伏），即加在二极管上的反向电压大于反向击穿电压 U_F，则二极管被反向击穿而损坏。二极管被反向击穿后，阳极与阴极两端处于短路状态，即二极管被短路了。

2.1.2　晶体三极管

如图 2.1.2（a）所示，晶体三极管是由两个 PN 结背向连接形成的，其中 b-e 间的 PN 结称为发射结，b-c 间的 PN 结称为集电结。图 2.1.2（b）是晶体三极管的电路符号，图 2.1.2（c）是晶体三极管的开关电路。表 2.1.1 给出了在该电路下的两种工作状态：当输入电压 $u_I < 0.5$ V 时，三极管处于截止状态，输出电压 $u_O \approx V_{CC}$；当输入电压 $u_I \geq 0.7$ V 时，三极管处于饱和导通状态，输出电压 $u_O \approx 0.3$ V。若三极管开关电路的工作电压 V_{CC} 为 + 5 V，对输入电压的取值按图 1.1.1（c）给以限制，则该开关电路的逻辑功能等效于非门。即输入低电平时，输出为高电平；输入高电平时，输出为低电平。三极管的等效电路及特性见表 2.1.1。

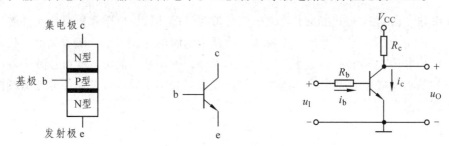

（a）晶体三极管组成　（b）晶体三极管电路符号　（c）晶体三极管开关电路

图 2.1.2　三极管的组成、电路符号及开关电路

表 2.1.1　三极管的等效电路及特性

状　态	等效电路	特　性
截　止		$U_{be} < 0.5$ V $I_c \approx 0$ $u_O = U_{ce} \approx V_{CC}$
饱和导通		$U_{be} = 0.7$ V $u_O = U_{ce} = U_{ces} \approx 0.3$ V $I_c = I_{cs} = \dfrac{V_{CC} - U_{ces}}{R_C}$ U_{ces} 为饱和压降 I_{cs} 为饱和电流

2.1.3　MOS 管

MOS 管是金属-氧化物-半导体场效应管（Metal-Oxide-Semiconductor Field-Transistor）的简称，图 2.1.3（a）是 MOS 管的电路符号。有两种 MOS 管，即 P 型管和 N 型管。MOS 管的漏极和源极在结构上是完全对称的，为了区分漏极与源极，在其电路符号上，将栅极标在靠近源极的一边。图 2.1.3（b）是 MOS 管的伏安特性曲线，u_{GS} 是栅极相对于源极的电压，i_D 是漏极与源极之间的电流。其中，U_{TN} 是 NMOS 管的阈值电压，当 $u_{GS} \geq U_{TN}$ 时，NMOS

管导通，此时内阻 r_{DS} 很小，i_D 达到毫安级，相当于 D 极与 S 极间短接；当 $u_{GS} < U_{TN}$ 时，NMOS 管截止，此时内阻 r_{DS} 很大，$i_D \approx 0$，相当于 D 极与 S 极间阻断。U_{TP} 是 PMOS 管的阈值电压，当 $u_{GS} \leq U_{TP}$ 时，PMOS 管导通，D 极与 S 极间短接；当 $u_{GS} > U_{TP}$ 时，PMOS 管截止，D 极与 S 极间阻断。

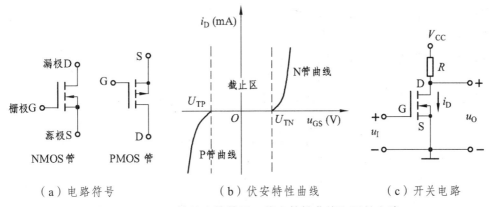

（a）电路符号　　　　　（b）伏安特性曲线　　　　　（c）开关电路

图 2.1.3　MOS 管的电路符号、伏安特性曲线和开关电路

图 2.1.3（c）是由 NMOS 管构成的开关电路，若该电路的工作电压 V_{CC} 为 + 5 V，对输入电压的取值按图 1.1.1（c）给以限制，则该开关电路的逻辑功能等效于非门。即输入低电平时，输出为高电平；输入高电平时，输出为低电平。

【说明】不难看出图 2.1.3（c）和图 2.1.2（c）有些相似，其实它们都可以抽象为图 2.1.4。图 2.1.4 说明不管具体电路如何，信号总是由输入回路耦合（或叫作映射）到输出回路的。例如，原线圈电压经变压器耦合而得到次级线圈电压，输入信号经集成运算放大器耦合而得到输出端信号，还有光电耦合器等。实际应用中人们更关注的是输出信号与输入信号的映射关系，而淡化具体电路的内部结构。另外，在数字电路中，输入端与输出端的逻辑电平都是相对于共同的参考

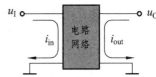

图 2.1.4　信号由输入回路耦合到输出回路

电位而言，这个参考电位就是共地线。计算机网络传输线就是由一条数据线和一条地线组成的，正是这条地线将通信双方的参考电位统一了，数据线上的信号才有意义。

2.2　TTL 集成门电路

按芯片的集成度可将集成电路划分为小规模集成电路（SSI，十几门以内）、中规模集成电路（MSI，100 门以内）、大规模集成电路（LSI，数千门）和超大规模集成电路（VLSI，数万门以上）。在数字集成电路中，为了尽可能地削减芯片面积，一般都避免集成电容和高阻值电阻，多以晶体管代替。

在以下电路分析中，设电源电压 V_{CC} = +5 V，二极管或 PN 结的导通电压 U_D = 0.7 V，三极管的饱和导通压降 U_{ces} = 0.3 V，输入信号的高电平 U_{IH} = 3.6 V，低电平 U_{IL} = 0.3 V。另外将三极管视为两个背靠背的 PN 结。

2.2.1 TTL 非门

1. 电路原理

图 2.2.1 是 TTL（Transistor-Transistor Logic）非门电路，该电路分为三级：输入级、倒相级和输出级。其中二极管 D_1 起钳位作用，当输入端出现负极性干扰脉冲时，它将 T_1 管的发射极钳位于 -0.7 V，从而避免加在 T_1 管发射结的正向瞬时电压过大，瞬时电流过强而损坏 T_1 管。当输入端出现正极性干扰脉冲，即超过电源电压时，T_1 管发射结被反向偏置而截止，不会威胁到整个电路的安全。

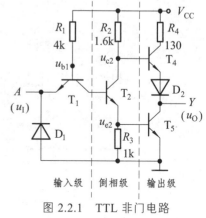

图 2.2.1　TTL 非门电路

（1）当 $u_I = U_{IL}$ 时，支路 $V_{CC} \to R_1 \to u_{b1} \to T_1$ 发射结 $\to A$ 导通，使 u_{b1} 钳位于 1V。此值小于 T_1 管集电结和 T_2 管发射结所需的导通电压（2×0.7 V），即支路 $u_{b1} \to T_1$ 集电结 $\to T_2$ 发射结 $\to R_3 \to GND$ 不通，所以 T_2 管截止。由于 T_2 管的截止，导致 u_{e2} 与地线等电位使 T_5 管截止，u_{c2} 与电源等电位使 T_4 管和 D_2 管同时导通，因此输出信号 $u_O = V_{CC} - 2 \times 0.7 = 3.6$（V）为高电平。

（2）当 $u_I = U_{IH}$ 时，支路 $V_{CC} \to R_1 \to u_{b1} \to T_1$ 发射结 $\to A$ 导通，使 u_{b1} 钳位于 4.3 V（即使 $u_I = +5$ V，则 $u_{b1} = +5$ V）。因为 u_{b1} 大于 T_1 管集电结、T_2 管和 T_5 管发射结的导通电压之和（3×0.7 V），使支路 $u_{b1} \to T_1$ 集电结 $\to T_2$ 发射结 $\to T_5$ 发射结 $\to GND$ 导通，所以 u_{b1} 钳位于 2.1 V。此时 T_2 管和 T_5 管饱和导通，使 $u_{c2} = U_{ces} + u_{e2} = 1V$。此值不能使 T_4 管和 D_2 管同时导通，因此输出信号 $u_O = U_{ces} = 0.3$ V 为低电平。

显然只要 u_I 低于 0.7 V，都将导致输出级的 T_5 管截止而 T_4 管和 D_2 管同时导通，使输出为 3.6 V 的高电平；只要 u_I 高于 2.0 V，都将导致输出级的 T_5 管导通而 T_4 管和 D_2 管同时截止，使输出为 0.3 V 的低电平。该电路的优越性在于不管输入信号在定义的高低电平范围内如何波动，输出的高低电平总是恒定的。这体现了数字电路具有较强的抗干扰能力。

【说明】上述分析采用电位回推法。其具体方法是：已知某点电位为 a，从接地端逆着电流的方向逐级回推得到该点电位为 b。若 $b > a$，则该支路不通；若 $b \leqslant a$，则该支路导通。在导通的情况下，若该支路中无阻容元件则已知点的电位钳位于 b，否则已知点的电位为 a。若该支路中有电阻无电容则电阻分压为 $a - b$；若该支路中有电容则电容被充电，充电完毕的电容电压为 a。

2. 电压传输特性及输入端噪声容限

图 2.2.2 是 TTL 非门的电压传输特性，在曲线 AB 段，$u_I = U_{IL} < 0.7$ V，输出信号 u_O 为高电平；在曲线 BC 段，0.7 V $\leqslant u_I < 1.4$ V，T_1 管导通使 u_{b1} 钳位于 1.4 V 以上 2.1 V 以下，支路 $u_{b1} \to T_1 \to T_2 \to R_3 \to GND$ 是通路，而支路 $u_{b1} \to T_1 \to T_2 \to T_5 \to GND$ 不是通路，所以 T_2 管导通 T_5 管截止。此时 T_2 管工作在放大区，随着 u_I 的升高 T_2 管基极电流增大，则对应的集电极电流增大，使 R_2 产生的电压降增大，故 u_{c2} 和 u_O 线性地下降；在曲线 DE 段，$u_I = U_{IH} > 1.4$ V，输出信号 u_O 为低电平。

从电压传输特性可以看出，当输入信号比低电平 0.3 V 略高一点时，输出信号仍为高电平；当输入信号比高电平 3.6 V 略低一点时，输出信号仍为低电平。因此，在保证门电路的逻辑功能不变的前提下，允许输入电平有一定的波动范围，这个波动范围就叫作输入信号的噪声容限。

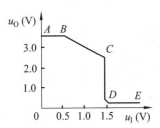

图 2.2.2　TTL 非门的电压传输特性

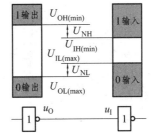

图 2.2.3　输入端噪声容限示意图

如图 2.2.3 所示是输入端噪声容限示意图，为了正确区分 1 和 0 这两个逻辑状态，必须规定输出高电平的下限 $U_{\mathrm{OH(min)}}$ 和输出低电平的上限 $U_{\mathrm{OL(max)}}$，根据 $U_{\mathrm{OH(min)}}$ 并结合电压传输特性规定输入低电平的上限 $U_{\mathrm{IL(max)}}$，根据 $U_{\mathrm{OL(max)}}$ 并结合电压传输特性规定输入高电平的下限 $U_{\mathrm{IH(min)}}$。

对于多级门电路，前一级的输出就是后一级的输入。显然前一级输出的 $U_{\mathrm{OH(min)}}$ 必须大于后一级的 $U_{\mathrm{IH(min)}}$，前一级输出的 $U_{\mathrm{OL(max)}}$ 必须小于后一级的 $U_{\mathrm{IL(max)}}$。由此得输入为高电平的噪声容限 U_{NH} 和输入为低电平的噪声容限 U_{NL} 分别为

$$U_{\mathrm{NH}} = U_{\mathrm{OH(min)}} - U_{\mathrm{IH(min)}}; \qquad U_{\mathrm{NL}} = U_{\mathrm{IL(max)}} - U_{\mathrm{OL(max)}} \tag{2.2.1}$$

74LS 系列门电路的标准参数为 $U_{\mathrm{OH(min)}} = 2.4\ \mathrm{V}$，$U_{\mathrm{OL(max)}} = 0.4\ \mathrm{V}$，$U_{\mathrm{IH(min)}} = 2.0\ \mathrm{V}$，$U_{\mathrm{IL(max)}} = 0.8\ \mathrm{V}$。于是可得：$U_{\mathrm{NH}} = U_{\mathrm{NL}} = 0.4\ \mathrm{V}$。

【说明】数字逻辑信号的噪声容限反映了数字电路的抗干扰能力，噪声容限越大抗干扰能力越强。从信号传输的可靠性来说，数字电路比模拟电路更优越，因为模拟信号每通过一级电路或多或少地存在着波形失真，这些失真经若干级电路的积累就可能变得无法接受了。当然数字信号的传输也会受到外界的干扰，但是大多数情况下这些干扰不会导致逻辑电平产生错误的跳变。即使产生了错误的跳变，也有专用的校验与纠错电路进行处理。

2.2.2　常见 TTL 门电路

1. TTL 与非门

TTL 与非门电路如图 2.2.4 所示，其输入端是一个多发射极结构，即多个发射结并联。当输入信号均为 U_{IH} 时，此时相当于 TTL 非门电路的第 2 种状态，即输出信号 u_{O} 为低电平。当有一个或多个输入信号为 U_{IL} 时，那么 $\mathrm{T_1}$ 管都会导通使 u_{b1} 钳位于 1 V，此时相当于 TTL 非门电路的第 1 种状态，即输出信号 u_{O} 为高电平，所以 $Y = \overline{AB}$。

与非门逻辑
功能验证

2. TTL 或非门

如图 2.2.5 所示是 TTL 或非门电路，当 A 端输入高电平时，则 $\mathrm{T_2}$ 管和 $\mathrm{T_5}$ 管饱和导通，输出端 Y 为低电平；当 B 端输入高电平时，则 $\mathrm{T_2'}$ 管和 $\mathrm{T_5}$ 管饱和导通，输出端 Y 为低电平；当 A，B 两端输入均为低电平时，使 $\mathrm{T_2}$ 管和

或非门逻辑
功能验证

T_2' 管同时截止，输出端 Y 为高电平，所以 $Y = \overline{A + B}$。

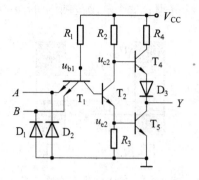

图 2.2.4　TTL 与非门电路

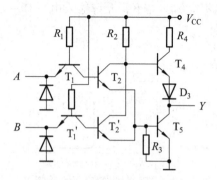

图 2.2.5　TTL 或非门电路

3. TTL 与或非门

如图 2.2.6 所示是 TTL 与或非门电路，其电路原理请读者自己分析。

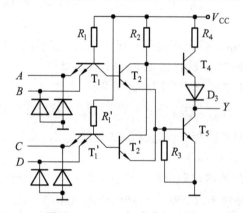

图 2.2.6　TTL 与或非门电路

【**说明**】平均传输延时 t_{pd} 是指门电路的开关速度，它表示从输入信号发生跳变到输出信号作出响应的时间。也就是说 t_{pd} 越小门电路响应速度越快。上面介绍的与非门、或非门、与或非门同图 2.2.1 的 TTL 非门电路一样，信号从输入到输出都经过输入级→倒相级→输出级，因此 t_{pd} 是相同的。所以这些门电路称为基本逻辑门，这里的 t_{pd} 称为基本门延时，其值为 5 ~ 10 ns。1 ms=10^{-3} s，1 μs=10^{-6} s，1 ns=10^{-9} s，1 ps=10^{-12} s。

4. TTL 异或门

（1）如图 2.2.7 所示是 TTL 异或门电路，当 A，B 两端输入均为低电平时，$u_a = u_b = u_c = 1$ V，T_4 管、T_5 管和 D_3 管截止。因为支路 $V_{CC} \rightarrow R_2 \rightarrow T_7 \rightarrow T_9 \rightarrow$ GND 是通路，则 T_7 管和 T_9 管导通、T_8 管截止，所以输出端 Y 为低电平。

（2）当 A，B 两端输入均为高电平时，$u_a = 4.3$ V 导致 T_6 管和 T_9 管导通、T_8 管截止，所以输出端 Y 为低电平。

（3）当 A 端输入为低电平，而 B 端输入为高电平时，$u_a = u_c = 1$ V 导致 T_5 管和 T_6 管截止，$u_b = 4.3$ V 导致 T_4 管和 D_3 管导通，$u_d = 1$ V 使 T_7 管和 T_9 管截止，T_8 管和 D_4 管导通，所以输出端 Y 为高电平。

（4）当 A 端输入高电平，而 B 端输入为低电平时，与第（3）种状态相同。

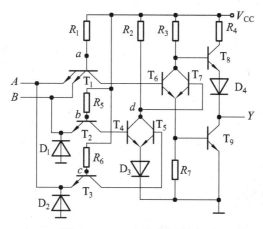

图 2.2.7　TTL 异或门电路

综上所述，$Y = A \oplus B$。

异或门取非即为同或门，如图 2.2.8 所示是由 8 个同或门和一个与门构成的 8 位数据比较器 74LS520，与门左边的小圆圈表示 $\overline{E}$ 取非后送入与门。当允许比较信号 $\overline{E} = 0$ 时，输出信号 $Y_{A=B} = 1$ 表示 $A = B$，输出信号 $Y_{A=B} = 0$ 表示 $A \neq B$；当 $\overline{E} = 1$ 时，输出信号 $Y_{A=B}$ 保持低电平，74LS520 的比较功能失效。在数字电路中，习惯上将控制信号的标记加一条上划线表示低电平有效，未加上划线表示高电平有效。

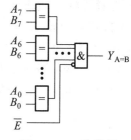

图 2.2.8　8 位数据
比较器 74LS520

5. TTL 三态输出门

如图 2.2.9 所示是 TTL 三态输出门电路，其输出有三种状态：高电平、低电平和高阻。高阻（Z）状态亦称为浮空状态，它既不是高电平也不是低电平，这种状态将输入逻辑信号阻断，使之不能送往下一级电路。

当 $\overline{EN} = 0$ 时，p 点为高电平，D 管截止，此时的电路等效于与非门，即 $Y = \overline{AB}$。当 $\overline{EN} = 1$ 时，p 点为低电平，T_1 管导通，其基极钳位于 1 V，使 T_2 管和 T_5 管截止。因为支路 $V_{CC} \rightarrow R_2 \rightarrow q \rightarrow D \rightarrow p$ 是通路，所以 D 管导通，使 q 点电位钳位于 1.1 V（0.4 V + 0.7 V）以下，T_4 管的基极电位没有达到 1.4 V 以上，则 T_4 管截止。由于 T_4 管和 T_5 管同时截止，所以输出端既不是高电平也不是低电平，处于浮空状态。

$$Y = \begin{cases} \overline{AB} & \text{当 } \overline{EN} = 0 \text{ 时} \\ Z & \text{当 } \overline{EN} = 1 \text{ 时} \end{cases}$$

如图 2.2.10 所示是双向数据缓冲器 74LS245，当输出使能信号 $\overline{OE} = 1$ 时，所有的三态门被阻断，A 端与 B 端隔离。当 $\overline{OE} = 0$ 时，方向控制信号 $DIR = 1$ 将左边的三态门选通，右边的三态门阻断，数据由 A 端送往 B 端；方向控制信号 $DIR = 0$ 将右边的三态门选通，左边的三态门阻断，数据由 B 端送往 A 端。

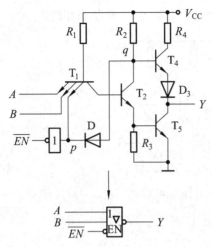
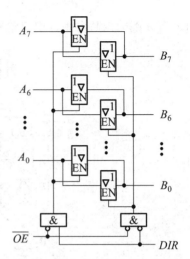
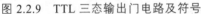

图 2.2.9 TTL 三态输出门电路及符号   图 2.2.10 双向数据缓冲器 74LS245

【说明】在计算机内部，CPU 与外部数据总线通过双向数据缓冲器连接，CPU 发出的读/写控制信号打在双向数据缓冲器的方向控制端，就可以实现对外部数据的读或写操作。

【阅读】二极管与、或电路的局限*

有的教材将图 2.2.11 所示的电路称为二极管与门、或门电路，这是绝对错误的。因为门电路不仅要具备某种逻辑功能，而且还要有一定的噪声容限。

对于图 2.2.11（a），当输入信号 A、B 中任一个为低电平 0 V 时，其输出 Y =+ 0.7 V 可视为低电平，该电路存在逻辑与的关系。但是当 A、B 信号均为低电平+0.3 V 时，其输出 Y = +1.0 V 就不是正常的逻辑信号了。

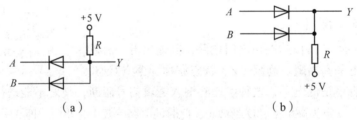

（a）   （b）

图 2.2.11 二极管与、或电路

对于图 2.2.11（b），当输入信号 A、B 中任一个为高电平+5 V，其输出 Y = +4.3 V 可视为高电平，该电路存在逻辑或的关系。但是当 A、B 信号均为高电平+2.5 V 时，其输出 Y = +1.8 V 就不是正常的逻辑信号了。而且当输入信号 A、B 均为低电平+0.3 V 时，其输出 Y = − 0.4 V 也不是正常的逻辑信号。

综上所述，若按图 1.1.1（c）定义数字信号，对于图 2.2.11 所示的与、或电路连正常的数字信号都不能通过，其噪声容限几乎为 0，还能叫门电路吗？这就是为什么 TTL 基本门电路都是由输入级→倒相级→输出级三级构成的。若图 2.2.11 中的 A、B 信号来自 TTL 门电路的输出，就不能保证得到的输出信号 Y 一定是数字信号，这样的电路还有多少实际价值呢？

6. 集电极开路输出（OC）门*

普通 TTL 门电路的输出级采用的是推拉式输出电路结构（见图 2.2.1），这种电路结构的特点是 T_4 管和 T_5 管不会同时导通，且具有输出电阻很小的优点。但是这种结构电路的输出端不能并联。TTL 门电路输出端短接电路如图 2.2.12 所示。若 Y_1 为高电平，Y_2 为低电平，则 $V_{CC} \rightarrow R_4 \rightarrow T_4 \rightarrow D_3 \rightarrow T_5' \rightarrow GND$ 是通路，其输出电平会大于 $U_{OL(max)}$ 而小于 $U_{OH(min)}$，引起逻辑混乱。而且此时 Y_1 为 3.6V 的高电平，Y_2 为 0.3 V 的低电平，Y_1 与 Y_2 之间的电压达 3.3 V 而电阻几乎为零，故电流很大会损毁 T_5' 管。

如图 2.2.13 所示是集电极开路输出的门电路，该电路能够克服上述缺点。这种电路工作时需要外接电源和上拉电阻。当 A，B 同时为高电平时 T_5 管饱和导通，Y 输出低电平；当 A，B 有一个为低电平时 T_5 管截止，外接电源和上拉电阻使 Y 输出高电平，则 $Y = \overline{AB}$。

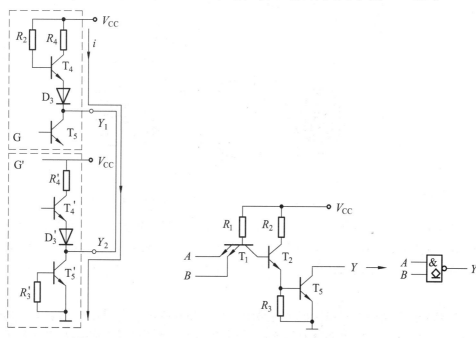

图 2.2.12　TTL 门电路输出端短接　　　　图 2.2.13　OC 与非门电路及符号

1）OC 门主要的应用

（1）实现线与。图 2.2.14 是两个 OC 结构的与非门的输出端并联。只要 Y_1，Y_2 有一个是低电平，则必有一个 T_5 管处于饱和导通状态，使 Y 为低电平；只有 Y_1，Y_2 同时为高电平时，两个 T_5 管都处于截止状态，才导致 Y 为高电平，所以 $Y = Y_1 \cdot Y_2$，即多个 OC 门的输出线并联，逻辑上是"与"关系。

（2）实现电平转换。VLSI 的发展趋势之一就是要降低功耗，现在许多 VLSI 芯片的工作电压只有 3.3 V，有的甚至更低。那么 TTL 门电路如何为工作电压只有 3.3 V 的 VLSI 芯片提供逻辑信号呢？当然需要进行电平转换，图 2.2.15 就是实现这种转换的电路。当输入 A 为高电平时 T_5 管饱和导通，输出 Y 为低电平。当输入 A 为低电平时 T_5 管截止，此时 + 3.3 V → $R_L \rightarrow Y \rightarrow T_5 \rightarrow GND$ 不是通路（忽略 T_5 管截止时微弱的漏电流），$u_Y \approx + 3.3$ V。即输出高电平的范围变为 $U_{OH(min)} \sim + 3.3$ V，输出信号 Y 则可送入工作电压只有 3.3 V 的 VLSI 芯片。

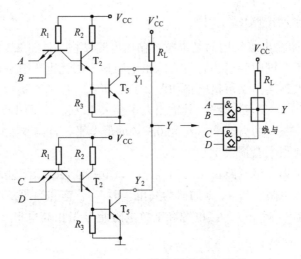

图 2.2.14　OC 门输出端的线与连接

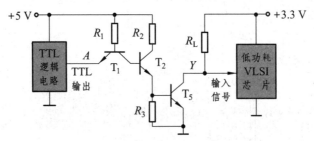

图 2.2.15　用 OC 门实现电平变换的电路

（3）驱动大电流负载。有些 OC 门的输出管设计尺寸较大，足以承受较大的电流和较高的电压。例如，OC 驱动门 74LS07 的最大负载电流为 40 mA，外接电源可达 15 V。通常用来驱动发光二极管、七段数码管、微型步进电机等负载。

2）上拉电阻的选择

计算 OC 门负载电阻最大值的电路图如图 2.2.16 所示。当所有 OC 门同时截止时，输出 u_O 为高电平。显然 R_L 的值越大导致 u_O 的电位越低。但是不允许输出高电平低于 $U_{OH(min)}$，所以

$$V'_{CC} - U_{OH(min)} = (nI_{ceo} + mI_{IH}) R_{L(max)}$$

则　　　　　$$R_{L(max)} = \frac{V'_{CC} - U_{OH(min)}}{nI_{ceo} + mI_{IH}}$$ 　　　　　（2.2.2）

计算 OC 门负载电阻最小值的电路图如图 2.2.17 所示。当 OC 门中只有一个饱和导通时，输出 u_O 为低电平。显然 R_L 的值越小导致流入这个 OC 门的电流越大，但是不能超过该 OC 门输出为低电平时的最大允许电流 $I_{OL(max)}$，所以

$$I_{OL(max)} = kI_{IL} + [V'_{CC} - U_{OL(max)}] / R_{L(min)}$$

则　　　　　$$R_{L(min)} = \frac{V'_{CC} - U_{OL(max)}}{I_{OL(max)} - kI_{IL}}$$ 　　　　　（2.2.3）

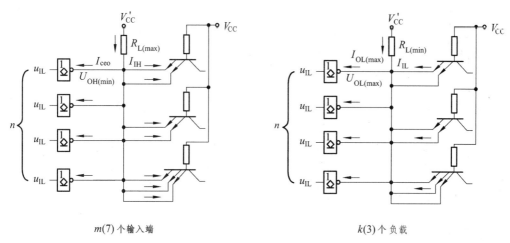

图 2.2.16　计算 OC 门负载电阻最大值的电路　　图 2.2.17　计算 OC 门负载电阻最小值的电路

注意门电路输入端的电流 I_{IH} 和 I_{IL} 的方向是相反的，请参看 2.4.1。对于图 2.2.16 和图 2.2.17 的电路，$n = 4$，$m = 7$，$k = 3$，$V'_{CC} = 5$ V，$U_{OH(min)} = 2.4$ V，$I_{IH} = 40$ μA，$U_{OL(max)} = 0.4$ V，$I_{OL(max)} = 16$ mA，$I_{IL} = 1.6$ mA，$I_{ceo} = 200$ μA，则可求得 $R_{L(max)} \approx 2.41$ kΩ，$R_{L(min)} \approx 0.41$ kΩ。则上拉电阻 R_L 取值 $1 \sim 2$ kΩ。

2.3　CMOS 集成门电路

根据图 2.1.4（b）可知 NMOS 管和 PMOS 管具有互补性，利用它们的互补性很容易组成常见逻辑门电路，这种电路称为互补对称式金属-氧化物-半导体电路（Commpiementary-Symmetry Metal-Oxide-Semiconductor-Circuit），简称 CMOS 电路。MOS 管的阈值电压 $U_{TN} = |U_{TP}| = 2 \sim 4$ V，与氧化层厚薄有关，本书取阈值电压为 2.5 V。CMOS 电路的 CC4000 系列的参数为：当电源电压 $V_{DD} = +5$ V 时，$U_{OH(min)} = 4.95$ V，$U_{OL(max)} = 0.05$ V，$U_{IH(min)} = 3.5$ V，$U_{IL(max)} = 1.5$ V。

2.3.1　CMOS 非门

1. 电路原理

如图 2.3.1 所示是 CMOS 非门电路，当 u_I 为低电平时，$u_{GS1} < U_{TP}$ 使 T_1 管导通，$u_{GS2} < U_{TN}$ 使 T_2 管截止，输出 u_O 为高电平；当 u_I 为高电平时，$u_{GS1} > U_{TP}$ 使 T_1 管截止，$u_{GS2} > U_{TN}$ 使 T_2 管导通，输出为低电平。

2. 电压传输特性和伏安特性

如图 2.3.2 所示是 CMOS 非门的电压传输特性曲线，图 2.3.3 所示是 CMOS 非门的伏安特性曲线，该图与图 2.1.4（b）实质是相同的，只是将图 2.1.4（b）的第Ⅲ象限的曲线映射到第Ⅰ象限中。

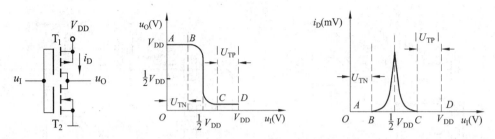

图 2.3.1　CMOS 非门　　图 2.3.2　CMOS 非门的电压传输特性　　图 2.3.3　CMOS 非门的伏安特性

2.3.2　常见 CMOS 门电路

1. CMOS 与非门和 CMOS 或非门

如图 2.3.4 所示是 CMOS 与非门电路，根据该电路列出逻辑真值表如表 2.3.1 所示。如图 2.3.5 所示是 CMOS 或非门电路，根据该电路列出逻辑真值表如表 2.3.2 所示。

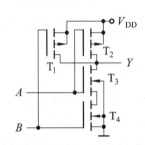

图 2.3.4　CMOS 与非门电路

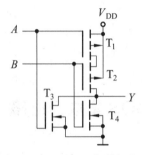

图 2.3.5　CMOS 或非门电路

表 2.3.1　图 2.3.4 的真值表

A　B	T_1　T_2　T_3　T_4	Y
0　0	on　on　off　off	1
0　1	off　on　off　on	1
1　0	on　off　on　off	1
1　1	off　off　on　on	0

表 2.3.2　图 2.3.5 的真值表

A　B	T_1　T_2　T_3　T_4	Y
0　0	on　on　off　off	1
0　1	on　off　off　on	0
1　0	off　on　on　off	0
1　1	off　off　on　on	0

由表 2.3.1 得 $\overline{Y} = AB$，则 $Y = \overline{AB}$。由表 2.3.2 得 $Y = \overline{AB} = \overline{A + B}$。

2. CMOS 传输门和双向模拟开关

如图 2.3.6 所示是 CMOS 传输门电路，其中 C 和 $\overline{C}$ 是一对互补的控制信号。因为 MOS 管的漏极和源极在结构上是完全对称的，所以 N 管和 P 管的漏极和源极的引出端也是完全对称的，那么 CMOS 传输门对信号的传输是双向的。

设控制信号的高低电平分别为 V_{DD} 和 0 V，当 $\overline{C} = 1$，$C = 0$ 时，输入信号 u_I 在 $0 \sim V_{DD}$ 范围内变化，N 管和 P 管都会同时截止，则输入端与输出端被阻断，即传输门截止；当 $\overline{C} = 0$，$C = 1$ 时，输入信号 $0 < u_I < V_{DD} - U_{TN}$ 时，N 管导通。当 $\overline{C} = 0$，$C = 1$ 时，输入信号 $U_{TP} <$

$u_I < V_{DD}$ 时，T 管导通。所以输入信号 u_I 在 $0 \sim V_{DD}$ 范围内变化时，N 管和 P 管至少有一个是导通的，即传输门导通。

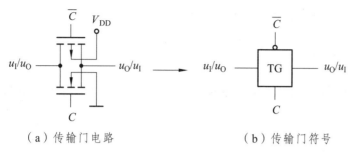

（a）传输门电路　　　　　　　　（b）传输门符号

图 2.3.6　CMOS 传输门电路及符号

CMOS 传输门的输入/输出信号是可以连续变化的，也就是 CMOS 传输门可以传输模拟信号，这一点普通逻辑门电路是不能实现的。如图 2.3.7 所示是 CMOS 双向模拟开关电路及符号。

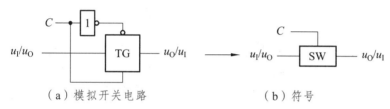

（a）模拟开关电路　　　　　　　　（b）符号

图 2.3.7　CMOS 双向模拟开关电路及符号

3. CMOS 异或门

如图 2.3.8 所示是 CMOS 异或门电路，下面分析它的逻辑功能。

（1）当 $A = 0$，$B = 0$ 时，信号 B 使 TG 门导通。信号 A 取非后将 T_2 管截止，又因 T_3 管的 G 极和 S 极均为高电平，所以 T_3 管也截止。于是 TG 门的输出取非后为该电路的输出信号，即 $Y = 0$。

（2）当 $A = 1$，$B = 1$ 时，信号 B 使 TG 门截止。又因 T_3 管的 G 极和 S 极均为低电平，所以 T_3 管也截止。而此时 T_1，T_2 管导通。则最后一级非门输入端为高电平，所以 $Y = 0$。

（3）当 $A = 0$，$B = 1$ 时，信号 B 使 TG 门截止。信号 A 取非后将 T_2 管截止，又因 T_3 管的 G 极为高电平，S 极为低电平，所以 T_3 管导通。此时最后一级非门输入端为低电平，所以 $Y = 1$。

（4）当 $A = 1$，$B = 0$ 时，信号 B 使 TG 门导通。信号 B 取非后将 T_1 管截止，又因 T_3 管的 G 极为低电平，S 极为高电平，所以 T_3 管截止。于是 TG 门的输出取非后为该电路的输出信号，即 $Y = 1$。

综上所述，可得 $Y = A \oplus B$。

4. CMOS 三态输出门

如图 2.3.9 所示是 CMOS 三态输出门电路。其中图 2.3.9（a）是低电平使能的三态输出门。当 $\overline{EN} = 1$

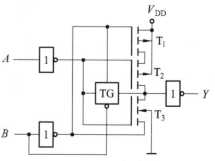

图 2.3.8　CMOS 异或门电路

时，使 T_1 管截止，且或非门的输出为低电平，使 T_3 管也截止，此时输出信号 Y 浮空。当 $\overline{EN}$ = 0 时，使 T_1 管导通，若 $A = 0$，使 T_2 管截止、T_3 管导通，此时输出信号 $Y = 0$；若 $A = 1$，使 T_2 管导通、T_3 管截止，此时输出信号 $Y = 1$。

$$Y = \begin{cases} A & \text{当 } \overline{EN} = 0 \text{ 时} \\ Z & \text{当 } \overline{EN} = 1 \text{ 时} \end{cases}$$

如图 2.3.9（b）所示是高电平使能的三态输出门，其逻辑功能请读者自己分析。

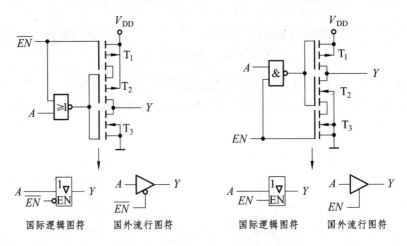

（a）低电平使能的三态输出门　　　（b）高电平使能的三态输出门

图 2.3.9　CMOS 三态输出门电路及符号

【例 2.3.1】试分析如图 2.3.10 所示电路的逻辑功能，写出其逻辑函数。

解：（1）不难看出图 2.3.10（a）中的 $T_1 \sim T_6$ 管构成三输入与非门，T_7 和 T_8 管构成非门，所以

$$Y_1 = \overline{\overline{ABC}} = ABC$$

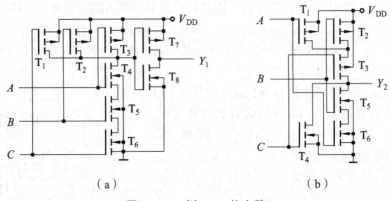

（a）　　　　　　　　　　　　（b）

图 2.3.10　例 2.3.1 的电路

（2）对于图 2.3.10（b）不容易直接看出电路的构成情况，只有先列出其逻辑真值表。

表 2.3.3 例 2.3.1 的真值表

A	B	C	T_1	T_2	T_3	T_4	T_5	T_6	Y_2	A	B	C	T_1	T_2	T_3	T_4	T_5	T_6	Y_2
0	0	0	on	on	on	off	off	off	1	1	0	0	off	on	on	off	off	on	1
0	0	1	on	on	off	on	off	off	0	1	0	1	off	on	off	on	off	on	0
0	1	0	on	off	on	off	on	off	1	1	1	0	off	off	on	off	on	on	0
0	1	1	on	off	off	on	on	off	0	1	1	1	off	off	off	on	on	on	0

由表 2.3.3 得

$$Y_2 = \overline{A}\overline{B}\overline{C} + \overline{A}B\overline{C} + A\overline{B}\overline{C}$$
$$= \overline{A}\overline{B}\overline{C} + \overline{A}B\overline{C} + \overline{A}\overline{B}\overline{C} + A\overline{B}\overline{C}$$
$$= \overline{A}\overline{C} + \overline{B}\overline{C}$$
$$= \overline{AB + C}$$

【例 2.3.2】试用三个 NMOS 管和三个 PMOS 管设计逻辑函数 $Y = \overline{(A+B)C}$。

解：当 $C = 1$ 时 $Y = \overline{A+B}$，先用两个 N 管和两个 P 管按图 2.3.5 连接或非门。因为当 $C = 0$ 时 $Y = 1$，此时要保证输出端与电源连通而与 GND 隔断，所以用一个 N 管 T_5 插在 T_4 与 GND 之间，用一个 P 管 T_6 与 T_1、T_2 并联接电源，做电路图 2.3.11。

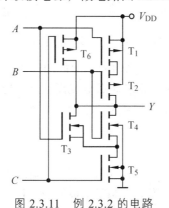

图 2.3.11 例 2.3.2 的电路

【说明】显然 CMOS 门电路比 TTL 门电路简单，既然如此为什么不淘汰 TTL 门电路呢？这是因为 CMOS 门电路虽然简单，但是其响应速度比 TTL 门电路慢得多。所以在数字逻辑设计中，若追求速度应采用 TTL 电路，例如计算机的 CPU；若追求容量应采用 CMOS 电路，例如计算机的存储器。

2.4 集成门电路的连接*

2.4.1 TTL 门电路的带负载能力

在门电路互连的电路中，前一级门电路的输出信号要符合后一级门电路的输入要求，即前一级门电路的输出应具备驱动后一级门电路的能力，这种能力称为前一级门电路的带负载能力。带负载能力与四个电流参数有关。

1. 输入低电平电流 I_{IL} 与输出低电平电流 I_{OL}

输出低电平电流与输入低电平电流的关系如图 2.4.1 所示。因为前一级门电路输出低电平时 T_4 管截止、T_5 管饱和导通，此时 a 点电位低于 b 点电位，所以后一级门电路的输入低电平电流 I_{IL} 是流（灌）入前一级门电路的，称为灌电流。对于前一级门电路，输出低电平电流 I_{OL} 为灌电流之和，而该电流有一个允许的上限 $I_{OL(max)}$，这个上限值就是前一级门电路带灌电流负载的能力。

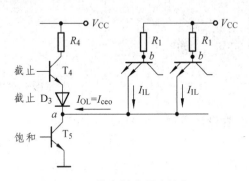

图 2.4.1　输出低电平电流与
输入低电平电流的关系

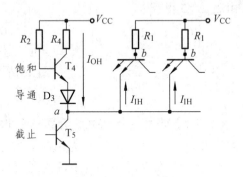

图 2.4.2　输出高电平电流与
输入高电平电流的关系

2. 输入高电平电流 I_{IH} 与输出高电平电流 I_{OH}

输出高电平电流与输入高电平电流的关系图如图 2.4.2 所示。因为前一级门电路输出高电平时 T_4 管饱和导通、T_5 管截止，此时 a 点电位高于 b 点电位，所以后一级门电路的输入高电平电流 I_{IH} 是流（拉）出前一级门电路的，称为拉电流。对于前一级门电路，输出高电平电流 I_{OH} 为拉电流之和，而该电流有一个允许的上限 $I_{OH(max)}$，这个上限值就是前一级门电路带拉电流负载的能力。

【说明】TTL 门电路带灌电流负载能力大于带拉电流负载能力（见表 2.4.1，$I_{OL(max)} > I_{OH(max)}$）。若要用 TTL 门电路驱动发光二极管，最好将 TTL 门电路的输出端接二极管的阴极，二极管的阳极接电源正极，这样连接的驱动电流大于反过来连接的驱动电流。如图 2.4.3 所示。

（a）灌电流负载　　　　　　　　　　（b）拉电流负载

图 2.4.3　灌电流与拉电流负载的连接

3. TTL 门电路的扇入扇出系数

扇入系数是指门电路允许的输入端数目，最大不超过 8。常用扇出系数 N_O 反映 TTL 门电路带同类基本逻辑门的能力，即一个门电路能够驱动同类门电路的最大数目。在上述两种情况下，TTL 门电路的扇出系数应选较小的值作为 N_O。

以四 2 输入与非门 74LS00 为例，当电源电压为 5.0 V 时，$I_{OH(max)} = 0.4$ mA，$I_{OL(max)} = 8$ mA；当输入高电平 $u_{IH} = 2.7$ V 时，$I_{IH} = 0.02$ mA；当输入低电平 $u_{IL} = 0.4$ V 时，$I_{IL} = 0.1$ mA。则有

$$N_L = I_{OL(max)} / I_{IL} = 8/0.1 = 80$$

$$N_H = I_{OH(max)} / I_{IH} = 0.4/0.02 = 20$$

应选择扇出系数 $N_O = 20$，即 74LS00 中的一个与非门最多可以带 20 个同类的基本逻辑门。

2.4.2　TTL 电路与 CMOS 电路的连接和比较

在不同类型的电路连接时，因为前一级电路的输出信号要符合后一级电路的输入要求，所以驱动门与负载门需从电压和电流两方面达到匹配，即必须同时满足四个条件：$U_{OH(min)} \geqslant U_{IH(min)}$，$U_{OL(max)} \leqslant U_{IL(max)}$，$I_{OH(max)} \geqslant I_{IH}$，$I_{OL(max)} \geqslant I_{IL}$。如表 2.4.1 所示给出 TTL 电路和 CMOS 电路在电源电压均为 5 V 的情况下，其输入/输出特性参数。

表 2.4.1　TTL 电路和 CMOS 电路的输入/输出特性参数

电路类型	$U_{OH(min)}$	$U_{OL(max)}$	$U_{IH(min)}$	$U_{IL(max)}$	$I_{OH(max)}$	$I_{OL(max)}$	I_{IH}	I_{IL}
74LS 系列	2.7 V	0.5 V	2.0 V	0.8 V	0.4 mA	8.0 mA	0.02 mA	0.4 mA
CC4000 系列	4.95 V	0.05 V	3.5 V	1.5 V	0.5 mA	0.5 mA	0.1 mA	0.1 μA

1. TTL 电路驱动 CMOS 电路

当 TTL 电路驱动 CMOS 电路时，上述四个条件中有三个条件满足，但是不满足 $U_{OH(min)} \geqslant U_{IH(min)}$。

（1）当 $V_{DD} = V_{CC} = 5$ V 时，在 TTL 门电路的输出端加上拉电阻 R_L 来提升 TTL 的输出电位，见图 2.4.4（a）。因为当 TTL 门电路的输出高电平时，其 T_5 管截止，$V_{DD} \to R_L \to GND$ 不是通路，则 R_L 两端等电位，所以 TTL 门电路的输出电位提高了。

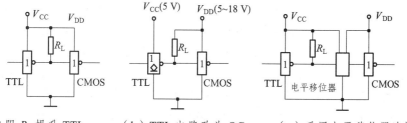

（a）电阻 R_L 提升 TTL　　　（b）TTL 电路改为 OC　　　（c）采用电平移位器连接电路
　　　　输出电位　　　　　　　　　　门输出电路

图 2.4.4　TTL 驱动 CMOS 的电路

（2）当 $V_{CC} = 5$ V，$V_{DD} = 5 \sim 18$ V，即 $V_{DD} > V_{CC}$ 时，常将 TTL 电路改用 OC 门输出，见图 2.4.4（b）。因为当 OC 门输出高电平时，R_L 两端等电位，CMOS 的输入电平等于 V_{DD}。

（3）采用专门的电平移位器进行连接，见图 2.4.4（c）。

2. CMOS 电路驱动 TTL 电路

（1）当 $V_{DD} = V_{CC} = 5$ V 时，若只有一个负载门，CMOS 电路可以直接驱动 TTL 电路。但是当负载门较多时，应采用以下方法：

① 同一芯片上的 CMOS 门并联使用，以增大 CMOS 电路输出的总电流，见图 2.4.5（a）。

② 增加一级专用的驱动器，例如 CC4049，见图 2.4.5（b）。

③ 采用三极管电路驱动，见图 2.4.5（c）。

（2）当 $V_{DD} > V_{CC}$ 时，采用专门的电平移位器连接，即如图 2.4.4（c）所示的方法解决。

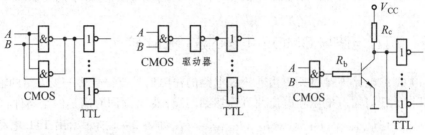

（a）并联 CMOS 门驱动　　（b）专用驱动器驱动　　（c）采用三极管驱动

图 2.4.5　CMOS 驱动 TTL 的电路

3. CMOS 电路与 TTL 电路的比较

（1）TTL 电路是电流控制器件，而 CMOS 电路是电压控制器件。

（2）TTL 电路的速度快，传输延迟时间短（5～10 ns）。CMOS 电路的速度慢，传输延迟时间长（25～50 ns）。传输延迟时间是指从输入信号的变化到输出信号响应所需的时间。

（3）TTL 电路的最高工作频率比 CMOS 电路的最高工作频率高，CMOS 电路的最高工作频率一般低于 10 MHz，而 TTL 电路的最高工作频率可达 100 MHz 以上。

（4）CMOS 电路的电压工作范围大，可以在 $V_{DD} = 3～18$ V 范围内正常工作。注意 V_{DD} 越大，则输出的高电平越大。而 TTL 电路的工作电压一般为 5～7 V。

（5）CMOS 电路的逻辑摆幅大，电源利用率高。当 $V_{DD} = 5$ V 时，逻辑摆幅 $= U_{OH(min)} - U_{OL(max)} = 4.95 - 0.05 = 4.90$（V），电源利用率为逻辑摆幅与电源电压之比，此时电源利用率接近 1。

（6）CMOS 电路的抗干扰能力强。当 $V_{DD} = 5$ V 时，高电平噪声容限 U_{NH} 和低电平噪声容限 U_{NL} 均为 1.45 V，比 TTL 电路（74LS 系列）的噪声容限 0.4 V 大得多。

（7）CMOS 电路的静态功耗低。静态功耗是指虽然 CMOS 电路加了电源电压，但未加输入信号时的电路功耗。例如，PC 机断电后，CMOS RAM 芯片由一块后备的锂电池供电，即使系统掉电其存储信息也不会丢失。CMOS RAM 芯片存储的是关于系统配置的具体参数，其内容可通过设置程序进行读写。另外，COMS 电路的动态功耗与输入信号的脉冲频率有关，频率越高，功耗越大，芯片越热。

（8）CMOS 电路的扇出系数大，对负载的驱动能力小。TTL 电路的扇出系数小，对负载的驱动能力大。注意扇出系数和对负载的驱动能力是两个不同的概念，前者是指电路带同类逻辑门的能力，后者是指提供给负载的电流大小。

（9）CMOS 电路的温度稳定性好，这是因为 CMOS 管比晶体三极管的温度稳定性好。

（10）对多余输入端的处理。CMOS 电路的输入端不允许悬空，因为悬空会使电位不定，破坏正常的逻辑关系。另外，悬空时输入阻抗高，易受外界噪声干扰，使电路产生误动作，而且也极易造成栅极感应静电而击穿。所以 CMOS 与门的多余输入端要接高电平，CMOS 或门多余输入端要接低电平。若电路的工作速度不高，且功耗不需特别考虑时，则可以将多余输入端与使用端并联。而 TTL 电路的多余输入端悬空时相当于输入端接高电平，因为这时可以看作输入端接了一个无穷大的电阻。所以 TTL 与门的多余输入端悬空，TTL 或门多余输入端要接地。

习　题

2-1　试分析图 2-1（a），（b）电路的逻辑功能。

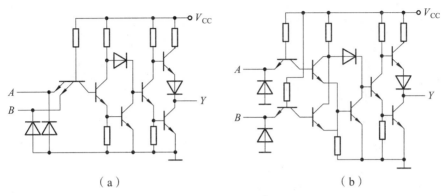

图 2-1　题 2-1 电路图

2-2　试分析图 2-2（a），（b）电路的逻辑功能。

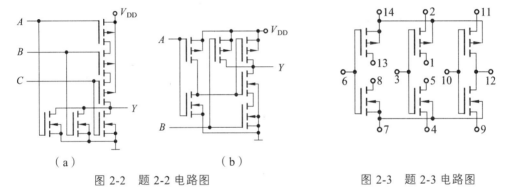

图 2-2　题 2-2 电路图　　　　　　　图 2-3　题 2-3 电路图

2-3　如图 2-3 所示，芯片 CC4007 由 3 个 NMOS 管和 3 个 PMOS 管组成，编号 1～14 为芯片引出端。试将该芯片连接成：① 三个非门；② 三输入与非门 $Y = \overline{ABC}$；③ 三输入或非门 $Y = \overline{A+B+C}$；④ 两输入与门 $Y = AB$；⑤ 两输入或门 $Y = A + B$；⑥ 与或非门 $Y = \overline{AB+C}$；⑦ 或与非门 $Y = \overline{A(B+C)}$；⑧ 双向模拟开关。

2-4　在 CMOS 电路中有时采用图 2-4（a），（b），（c），（d）所示的扩展功能用法，试分析各电路的逻辑功能。已知电源电压为 10 V，二极管的正向压降为 0.7 V。

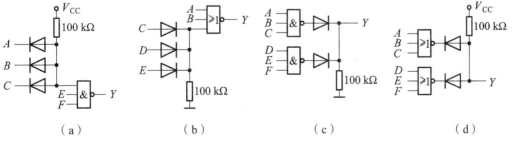

图 2-4　CMOS 电路扩展功能用法电路

2-5 计算图 2-5 中上拉电阻 R_L 的取值范围。要求 OC 门的输出电平满足 $U_{OL} \leqslant 0.4$ V，$U_{OH} \geqslant 3.2$ V，有关参数见表 2.4.1。

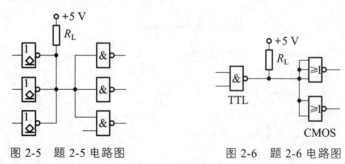

图 2-5　题 2-5 电路图　　　　图 2-6　题 2-6 电路图

2-6 图 2-6 是用 TTL 电路驱动 CMOS 电路的实例，试计算上拉电阻 R_L 的取值范围。要求加到 CMOS 或非门输入端的电压满足 $U_{IL} \leqslant 0.3$ V，$U_{IH} \geqslant 4$ V，有关参数见表 2.4.1。

2-7 见附录 1，可以用四 2 输入与非门 74HC00 或者四 2 输入或非门 74HC02 代替非门吗？有几种方法？

第 3 章　组合逻辑电路

通常数字逻辑电路分为两大类，即组合逻辑电路和时序逻辑电路。而可编程逻辑器件（PLD）可用来构成这两类电路，所以本书把它归为另一类逻辑电路。本书陆续要介绍的主要内容有组合逻辑电路：编码器、译码器、数据选择器、数据比较器、加法器、函数发生器等；时序逻辑电路：寄存器、计数器、序列检测器、脉冲分配器、节拍发生器等；半导体存储器及可编程逻辑器件包括 RAM，ROM，PAL，GAL 及 FPGA/CPLD 等。

3.1　组合逻辑电路的分析与设计

3.1.1　组合逻辑电路的分析

1. 组合逻辑电路的特点

组合逻辑电路是由与、或、非三种基本逻辑门组合而构成的电路，该电路不含存储元件且无反馈电路，输出状态仅取决于当时的输入状态，与时序信号无关。图 3.1.1 所示是组合逻辑电路框图，其输出信号是关于全部或部分输入变量的逻辑函数。

$$\left.\begin{aligned}
Y_1 &= f_1(A_1, A_2, \cdots, A_n) \\
Y_2 &= f_2(A_1, A_2, \cdots, A_n) \\
&\vdots \\
Y_m &= f_m(A_1, A_2, \cdots, A_n)
\end{aligned}\right\} \tag{3.1.1}$$

或记为向量关系　$\boldsymbol{Y} = f(\boldsymbol{A})$。 $\hspace{4cm}$ （3.1.2）

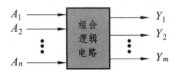

图 3.1.1　组合逻辑电路框图

2. 组合逻辑电路的分析方法

由给定电路逐级推导逻辑函数式→化简逻辑函数式→根据逻辑函数式列逻辑真值表→根据逻辑真值表确定电路的逻辑功能。

【例 3.1.1】　设 A，B，C，D 为 8421BCD 码输入信号，试分析图 3.1.2 中电路的逻辑功能。

解：（1）图 3.1.2（a）的逻辑函数为 $Y = \overline{\overline{A} \cdot \overline{BC} \cdot \overline{BD}} = A + BC + BD$，根据逻辑函数式列出真值表（见表 3.1.1，只列出 A、B、C、D 取值为 8421 码的状态行）。

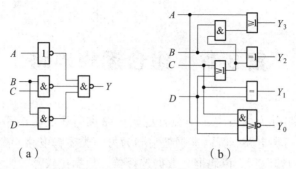

图 3.1.2 例 3.1.1 的电路

表 3.1.1 图 3.1.2（a）的真值表

A	B	C	D	Y	A	B	C	D	Y
0	0	0	0	0	0	1	0	1	1
0	0	0	1	0	0	1	1	0	1
0	0	1	0	0	0	1	1	1	1
0	0	1	1	0	1	0	0	0	1
0	1	0	0	0	1	0	0	1	1

由真值表可知，当 A、B、C、D 的值小于 5 时，$Y = 0$；当 A、B、C、D 的值大于等于 5 时，$Y = 1$。所以该电路的功能是"四舍五入"。

（2）图 3.1.2（b）的逻辑函数为

$$
\left.
\begin{aligned}
Y_3 &= A + B(C + D) \\
Y_2 &= B \oplus (C + D) \\
Y_1 &= C \odot D \\
Y_0 &= \overline{AC + D}
\end{aligned}
\right\}
\tag{3.1.3}
$$

根据逻辑函数式列出真值表（见表 3.1.2，只列出 $ABCD$ 取值为 8421 码的状态行）。

表 3.1.2 图 3.1.2（b）的真值表

A	B	C	D	Y_3	Y_2	Y_1	Y_0	A	B	C	D	Y_3	Y_2	Y_1	Y_0
0	0	0	0	0	0	1	1	0	1	0	1	1	0	0	0
0	0	0	1	0	1	0	0	0	1	1	0	1	0	0	1
0	0	1	0	0	1	0	1	0	1	1	1	1	0	1	0
0	0	1	1	0	1	1	0	1	0	0	0	1	0	1	1
0	1	0	0	0	1	1	1	1	0	0	1	1	1	0	0

由真值表可知，该电路的功能是将输入的 8421BCD 码转换为余 3 码输出。

3.1.2 组合逻辑电路的设计

1. 组合逻辑电路的设计步骤

（1）将实际问题抽象为逻辑问题，定义输入信号、输出信号和可能涉及

用 74HC00 设计
举重裁决电路

的控制信号等。

（2）根据抽象出来的逻辑问题列逻辑真值表。

（3）根据逻辑真值表或卡诺图得逻辑函数式。

（4）化简或变换逻辑函数式，有时根据需要对逻辑函数式做适当变换。

（5）根据逻辑函数画出逻辑电路图。

（6）用实验验证设计目标能否实现。

2. 组合逻辑电路设计举例

【例 3.1.2】 某年级有 A，B，C 三个班，分配大小两个教室给这三个班自习。为了节约用电，只有一个班自习的时候开小教室的灯，有两个班自习的时候开大教室的灯，三个班都自习的时候才同时开大小教室的灯。请设计具有上述功能的控制电路。

解：（1）逻辑问题描述：

$$设三个班 A，B，C = \begin{cases} 0 & 休息 \\ 1 & 自习 \end{cases}；设大、小教室的灯 Y_1，Y_2 = \begin{cases} 0 & 灭 \\ 1 & 亮 \end{cases}$$

（2）根据逻辑假设列真值表，如表 3.1.3 所示。

表 3.1.3 例 3.1.2 的真值表

A B C	Y_2 Y_1	A B C	Y_2 Y_1
0 0 0	0 0	1 0 0	1 0
0 0 1	1 0	1 0 1	0 1
0 1 0	1 0	1 1 0	0 1
0 1 1	0 1	1 1 1	1 1

（3）根据真值表得逻辑函数标准式：

$$Y_2 = \sum m_i\ (i = 1，2，4，7)，\qquad Y_1 = \sum m_i\ (i = 3，5，6，7) \tag{3.1.4}$$

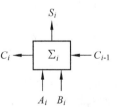

图 3.1.3 一位全加器电路符号

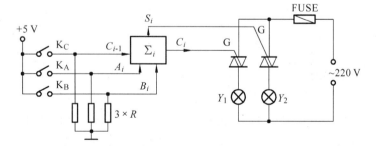

图 3.1.4 例 3.1.2 的控制电路

【说明】 将式（3.1.4）与式（1.3.3）进行比较，我们发现这两种情况的逻辑函数是完全相同的。原来表面上不相关的两个实际问题，其逻辑本质却是一致的。那么本题的电路图就是一位全加器的电路图，如图 1.2.2 所示。现将一位全加器的电路图抽象为图 3.1.3。

（4）给出实际控制电路（见图 3.1.4），该电路中的 Y_1 和 Y_2 支路各串接了一只双向晶闸管，G 是双向晶闸管的控制端，当 G 为高电平时，双向晶闸管导通，灯亮；当 G 为低电平时，双向晶闸管截止，灯灭。

3.2 常用组合逻辑电路

3.2.1 优先编码器

在数字电路中，有时为了区分若干个输入信号，就需要对输入信号进行编码，即用某种二进制代码来表示这些输入信号。当某个输入信号有效时，电路就输出这个信号的二进制代码。能实现这种功能的电路称为编码器，编码器电路框图如图 3.2.1 所示。

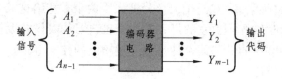

图 3.2.1　编码器电路框图

1. 优先编码器的设计

如果同时有多个输入信号有效，那么该对哪个输入信号进行编码呢？通常编码器都具有优先编码功能，即将所有的输入信号按优先顺序排队，当同时有多个输入信号有效时，只对优先权最高的那个信号进行编码。

8～3 优先编码器的设计：定义输入信号高电平有效，输出代码为二进制数，输入信号的序号值越大优先权越高。

表 3.2.1　8～3 优先编码器的真值表

A_7	A_6	A_5	A_4	A_3	A_2	A_1	A_0	Y_2	Y_1	Y_0
1	×	×	×	×	×	×	×	1	1	1
0	1	×	×	×	×	×	×	1	1	0
0	0	1	×	×	×	×	×	1	0	1
0	0	0	1	×	×	×	×	1	0	0
0	0	0	0	1	×	×	×	0	1	1
0	0	0	0	0	1	×	×	0	1	0
0	0	0	0	0	0	1	×	0	0	1
0	0	0	0	0	0	0	1	0	0	0

将 n 个变量的 2^n 个状态行全部列出来的逻辑真值表叫作完全真值表。但是有时候我们不一定要列出全部状态行，特别是当输入变量很多的情况下。表 3.2.1 列出的是非完全真值表，其中"×"表示任意逻辑值。根据定义列出编码器的逻辑真值表。

根据真值表可得逻辑函数式

$$Y_2 = A_7 + \overline{A_7}A_6 + \overline{A_7}\,\overline{A_6}A_5 + \overline{A_7}\,\overline{A_6}\,\overline{A_5}A_4$$
$$= (A_7 + A_6) + \overline{A_7}\,\overline{A_6}(A_5 + \overline{A_5}A_4)$$
$$= (A_7 + A_6) + \overline{A_7 + A_6}(A_5 + A_4)$$
$$= A_7 + A_6 + A_5 + A_4$$

$$Y_1 = A_7 + \overline{A_7}A_6 + \overline{A_7}\,\overline{A_6}\,\overline{A_5}\,\overline{A_4}A_3 + \overline{A_7}\,\overline{A_6}\,\overline{A_5}\,\overline{A_4}\,\overline{A_3}A_2$$
$$= A_7 + \overline{A_7}A_6 + \overline{A_7}\,\overline{A_6}\,\overline{A_5}\,\overline{A_4}(A_3 + \overline{A_3}A_2)$$
$$= (A_7 + A_6) + \overline{A_7 + A_6}\,\overline{A_5}\,\overline{A_4}(A_3 + A_2)$$
$$= A_7 + A_6 + \overline{A_5}\,\overline{A_4}A_3 + \overline{A_5}\,\overline{A_4}A_2$$
$$Y_0 = A_7 + \overline{A_7}\,\overline{A_6}A_5 + \overline{A_7}\,\overline{A_6}\,\overline{A_5}\,\overline{A_4}A_3 + \overline{A_7}\,\overline{A_6}\,\overline{A_5}\,\overline{A_4}\,\overline{A_3}\,\overline{A_2}A_1$$
$$= A_7 + \overline{A_6}A_5 + \overline{A_6}\,\overline{A_5}\,\overline{A_4}A_3 + \overline{A_6}\,\overline{A_5}\,\overline{A_4}\,\overline{A_3}\,\overline{A_2}A_1$$
$$= A_7 + \overline{A_6}A_5 + \overline{A_6}\,\overline{A_5}\,\overline{A_4}(A_3 + \overline{A_3}\,\overline{A_2}A_1)$$
$$= A_7 + \overline{A_6}[A_5 + \overline{A_4}(A_3 + \overline{A_2}A_1)]$$
$$= A_7 + \overline{A_6}A_5 + \overline{A_6}\,\overline{A_4}A_3 + \overline{A_6}\,\overline{A_4}\,\overline{A_2}A_1$$

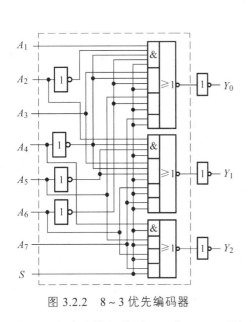

图 3.2.2　8~3 优先编码器

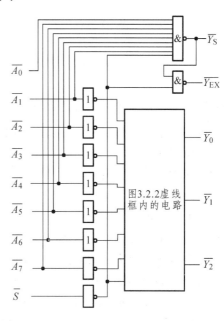

图 3.2.3　74LS148 的电路

设置一个片选输入信号 S，当 $S=0$ 时该电路不能编码，输出 $Y_2Y_1Y_0 = 000$；当 $S=1$ 时才允许该电路编码。于是得该电路的逻辑函数为

$$\left. \begin{aligned} Y_2 &= (A_7 + A_6 + A_5 + A_4)S \\ Y_1 &= (A_7 + A_6 + \overline{A_5}\,\overline{A_4}A_3 + \overline{A_5}\,\overline{A_4}A_2)S \\ Y_0 &= (A_7 + \overline{A_6}A_5 + \overline{A_6}\,\overline{A_4}A_3 + \overline{A_6}\,\overline{A_4}\,\overline{A_2}A_1)S \end{aligned} \right\} \tag{3.2.1}$$

根据式（3.2.1）画出逻辑电路图，如图 3.2.2 所示。

2. 8~3 优先编码器 74LS148

验证 74HC148

因为 TTL 门电路带灌电流负载能力大于带拉电流负载能力，所以许多 TTL 类 MSI 芯片的输出信号采用低电平有效输出，以获得较强的带负载能力。74LS148 的输入信号是低电平有效，输出代码是二进制数的反码。当输入信号为全 1 时输出信号也全为 1。它的片选信号是低电有效。将（3.2.1）式两边取非，得 74LS148 的逻辑函数：

$$\left.\begin{aligned}
\overline{Y}_2 &= \overline{(A_7 + A_6 + A_5 + A_4)S} \\
\overline{Y}_1 &= \overline{(A_7 + A_6 + \overline{A}_5\overline{A}_4A_3 + \overline{A}_5\overline{A}_4A_2)S} \\
\overline{Y}_0 &= \overline{(A_7 + \overline{A}_6A_5 + \overline{A}_6\overline{A}_4A_3 + \overline{A}_6\overline{A}_4\overline{A}_2A_1)S}
\end{aligned}\right\} \tag{3.2.2}$$

为了方便芯片的功能扩展，74LS148 还增加了选通输出端 $\overline{Y}_S$ 和扩展输出端 $\overline{Y}_{EX}$，如图 3.2.3 所式，其逻辑关系如下：

$$\overline{Y}_S = \overline{\overline{A}_0\overline{A}_1\overline{A}_2\overline{A}_3\overline{A}_4\overline{A}_5\overline{A}_6\overline{A}_7 S} \tag{3.2.3}$$

$$\begin{aligned}
\overline{Y}_{EX} &= \overline{\overline{\overline{A}_0\overline{A}_1\overline{A}_2\overline{A}_3\overline{A}_4\overline{A}_5\overline{A}_6\overline{A}_7 S} \cdot S} \\
&= \overline{(A_0 + A_1 + A_2 + A_3 + A_4 + A_5 + A_6 + A_7)S}
\end{aligned} \tag{3.2.4}$$

式（3.2.3）表明，当片选有效（$\overline{S} = 0$）但无编码输入（$\overline{A}_0 \sim \overline{A}_7$ 均为高电平）时，$\overline{Y}_S$ 低电平输出。

式（3.2.4）表明，当片选有效（$\overline{S} = 0$）且有编码输入（$\overline{A}_0 \sim \overline{A}_7$ 中有低电平）时，$\overline{Y}_{EX}$ 低电平输出。

【例 3.2.1】试用两片 74LS148 构造一个 16～4 优先编码器。该编码器低电平输入有效，序号较大的输入信号具有较高优先权，输出代码为 4 位二进制数。

解： 如图 3.2.4 所示，因为第 I 片的输入信号比第 II 片的输入信号有较高优先权，所以第 I 片的片选端 $\overline{S}$ 接地，允许第 I 片编码。当第 I 片有输入信号为低电平时，第 I 片编码输出且其 $\overline{Y}_S$ 输出高电平，禁止第 II 片编码；当第 I 片无有效信号输入时，第 I 片的 $\overline{Y}_S$ 输出低电平，允许第 II 片编码。

另外，当第 I 片有有效信号输入时，第 I 片的 $\overline{Y}_{EX} = 0$，此时 $Y_3Y_2Y_1Y_0 = 1\times\times\times$；当第 I 片无有效信号输入时，第 I 片的 $\overline{Y}_{EX} = 1$，此时 $Y_3Y_2Y_1Y_0 = 0\times\times\times$。这里的低 3 位代码由 74LS148 输出的二进制数的反码取非产生。所以该电路编码输出的是 4 位二进制数。

电路中的 F 是编码标志信号。只要 16 个输入信号中有低电平，则第 I 片的 $\overline{Y}_{EX}$ 或第 II 片的 $\overline{Y}_{EX}$ 有一个为 0，所以 $F = 1$ 表示输出代码有效；若 16 个输入信号均为高电平，则第 I 片的 $\overline{Y}_{EX}$ 和第 II 片的 $\overline{Y}_{EX}$ 均为 1，所以 $F = 0$ 表示输出代码无效。

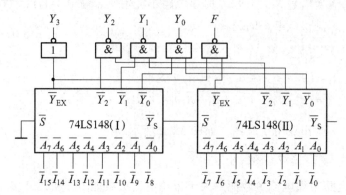

图 3.2.4　例 3.2.1 的电路

【说明】当研究门电路的形成时我们的关注点在（开关）元件级。当研究 MSI 芯片的电路形成时我们的关注点在门电路级。当用 MSI 芯片解决实际问题时我们的关注点在芯片级，即关注的是芯片的外部特性（输入信号、输出信号、选通信号及控制信号等）。读者应当根据具体情况将问题抽象于哪一级来解决。

3. 二-十进制优先编码器 74LS147

常用的还有二-十进制优先编码器 74LS147，该编码器有 10 个输入信号，低电平输入有效，序号较大的输入信号具有较高优先权，输出代码为 8421BCD 码的反码。当输入信号均无效时，输出 8421BCD 码的伪码 1111。74LS147 无其他控制和选通信号。

3.2.2　译码器

1. 3～8 译码器的设计

译码是编码的逆过程，译码器是对输入的 n 位代码进行译码，从 2^n 个不同的输入端产生一个对应的有效信号输出。

3～8 译码器的设计：定义输入代码为 3 位二进制数，输出信号高电平有效。根据定义列出译码器的逻辑真值表，如表 3.2.2 所示。

表 3.2.2　3～8 译码器的真值表

A_2	A_1	A_0	Y_7	Y_6	Y_5	Y_4	Y_3	Y_2	Y_1	Y_0
0	0	0	0	0	0	0	0	0	0	1
0	0	1	0	0	0	0	0	0	1	0
0	1	0	0	0	0	0	0	1	0	0
0	1	1	0	0	0	0	1	0	0	0
1	0	0	0	0	0	1	0	0	0	0
1	0	1	0	0	1	0	0	0	0	0
1	1	0	0	1	0	0	0	0	0	0
1	1	1	1	0	0	0	0	0	0	0

根据真值表得逻辑函数式为

$$\left. \begin{aligned} &Y_0 = \overline{A_2}\,\overline{A_1}\,\overline{A_0} = m_0; \quad Y_1 = \overline{A_2}\,\overline{A_1}A_0 = m_1 \\ &Y_2 = \overline{A_2}A_1\overline{A_0} = m_2; \quad Y_3 = \overline{A_2}A_1A_0 = m_3 \\ &Y_4 = A_2\overline{A_1}\,\overline{A_0} = m_4; \quad Y_5 = A_2\overline{A_1}A_0 = m_5 \\ &Y_6 = A_2A_1\overline{A_0} = m_6; \quad Y_7 = A_2A_1A_0 = m_7 \end{aligned} \right\}$$

或
$$Y_i = m_i\,(i = 0, 1, \cdots, 7) \tag{3.2.5}$$

根据 3.2.5 式可画出输出信号为高电平有效的 3～8 译码器的电路图。从 3.2.5 式可知该译码器的每个输出信号对应于一个逻辑最小项，因此高电平输出有效的译码器就是逻辑最小项发生器。

2. 3～8 译码器 74LS138

对（3.2.5）式两边取非得到低电平输出有效的译码器。另外增加三个片选输入端 S_0，$\overline{S_1}$，$\overline{S_2}$。当 $S_0\overline{S_1}\overline{S_2}=100$ 时，允许该电路译码。否则该电路被禁止译码，输出信号全为 1。于是得 3～8 译码器 74LS138 的逻辑函数及电路图 3.2.5。

验证 74HC138

$$\overline{Y}_i = \overline{m_i S_0 \overline{\overline{S}_1} \overline{\overline{S}_2}} \ (i = 0, 1, \cdots, 7)$$ （3.2.6）

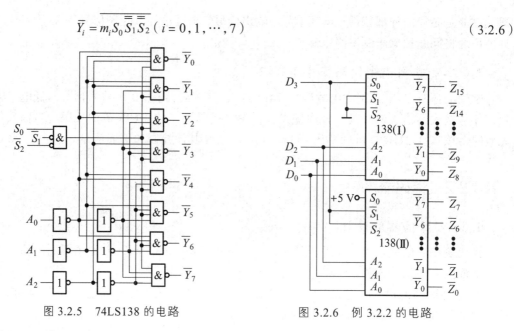

图 3.2.5　74LS138 的电路　　　　图 3.2.6　例 3.2.2 的电路

【例 3.2.2】 试用两片 74LS138 构造一个 4～16 译码器。该译码器输入代码为 4 位二进制数，输出信号低电平有效。

解： 如图 3.2.6 所示，当输入代码 $D_3D_2D_1D_0 = 1 \times \times \times$ 时，第 Ⅰ 片被片选，第 Ⅱ 片被禁止，第 Ⅰ 片译码产生一个有效信号输出；当输入代码 $D_3D_2D_1D_0 = 0 \times \times \times$ 时，第 Ⅰ 片被禁止，第 Ⅱ 片被片选，第 Ⅱ 片译码产生一个有效信号输出。

3. 数据分配器

对（3.2.6）式两边取非，并将片选输入信号 $\overline{S}_1$，$\overline{S}_2$ 接地，S_0 为串行数据（逐位传输的数据）输入端 D，于是得 1→8 数据分配器的逻辑函数 $Y_i = m_i D$（$i = 0, 1, \cdots, 7$）。图 3.2.7 为其电路及功能示意图。其功能是将输入数据 D 分配到地址码 $A_2A_1A_0$ 所指定的某输出端输出。

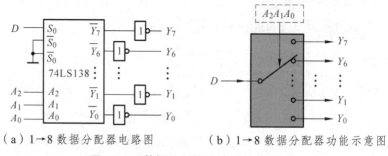

（a）1→8 数据分配器电路图　　　　（b）1→8 数据分配器功能示意图

图 3.2.7　数据分配器及功能示意图

4. 显示译码器

1）七段数码管

七段数码管是用来显示十进制数字的，它的每一段是一只发光二极管，如图 3.2.8（a）所示。七段数码管分为共阴极和共阳极两种，分别如图 3.2.8（b），（c）所示。对于共阴极的七段数码管，当 $a \sim g$ 端为高电平时对应的那段二极管亮，当 $a \sim g$ 端为低电平时对应的那段二极管灭。对于共阳极的七段数码管，当 $a \sim g$ 端为高电平时对应的那段二极管灭，当 $a \sim g$ 端为低电平时对应的那段二极管亮。

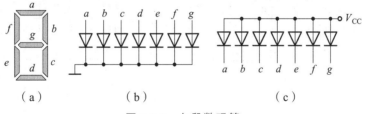

图 3.2.8　七段数码管

2）显示译码器的设计

用于驱动共阴极七段数码管的显示译码器，其输入代码为 8421BCD 码，输出信号高电平有效。根据定义列该显示译码器的逻辑真值表如表 3.2.3 所示。

表 3.2.3　显示译码器的真值表

A_3	A_2	A_1	A_0	a	b	c	d	e	f	g	显示字形
0	0	0	0	1	1	1	1	1	1	0	
0	0	0	1	0	1	1	0	0	0	0	
0	0	1	0	1	1	0	1	1	0	1	
0	0	1	1	1	1	1	1	0	0	1	
0	1	0	0	0	1	1	0	0	1	1	
0	1	0	1	1	0	1	1	0	1	1	
0	1	1	0	0	0	1	1	1	1	1	
0	1	1	1	1	1	1	0	0	0	0	
1	0	0	0	1	1	1	1	1	1	1	
1	0	0	1	1	1	1	0	0	1	1	
1	0	1	0	×	×	×	×	×	×	×	逻　辑
⋮				⋮							无关项
1	1	1	1	×	×	×	×	×	×	×	

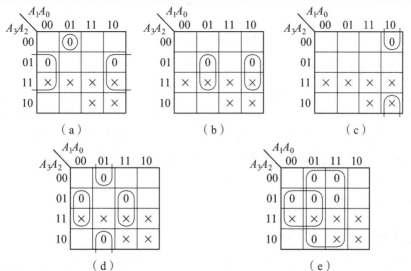

（a）　　　　　　（b）　　　　　　（c）

（d）　　　　　　　　　（e）

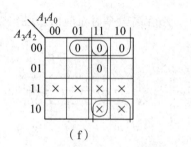
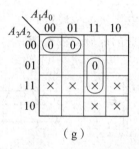

图 3.2.9　显示译码器的卡诺图

根据真值表得 a，b，$\cdots$，g 的卡诺图如图 3.2.9 所示。用"圈 0 法"求得逻辑函数式

$$
\left.
\begin{aligned}
a &= \overline{\overline{A_2 \overline{A_0}} + \overline{A_3}\,\overline{A_2} A_1 A_0} \\
b &= \overline{A_2 \overline{A_1} A_0 + A_2 A_1 \overline{A_0}} \\
c &= \overline{\overline{A_2} A_1 \overline{A_0}} \\
d &= \overline{A_2 \overline{A_1}\,\overline{A_0} + A_2 A_1 A_0 + \overline{A_2}\,\overline{A_1} A_0} \\
e &= \overline{\overline{A_0} + A_2 \overline{A_1}} \\
f &= \overline{\overline{A_3}\,\overline{A_2} A_0 + \overline{A_2} A_1 + A_1 A_0} \\
g &= \overline{\overline{A_3}\,\overline{A_2}\,\overline{A_1} + A_2 A_1 A_0}
\end{aligned}
\right\}
\qquad (3.2.7)
$$

根据式（3.2.7）画出显示译码器的逻辑电路图，如图 3.2.10 所示。

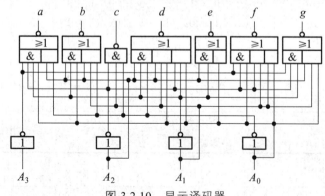

图 3.2.10　显示译码器

3）显示译码器 CC14547

CC14547 的输入代码为 8421BCD 码，输出信号高电平有效。CC14547 还有一个消隐控制输入端 $\overline{BI}$（$\overline{BI}$ 与 $a \sim g$ 端分别相与输出），当 $\overline{BI} = 0$ 时，$a \sim g$ 端输出均为低电平，使七段数码管熄灭；当 $\overline{BI} = 1$ 时，译码输出有效。另外，CC14547 的输出级采用双极型晶体管结构，具有较大的输出驱动电流能力，可直接驱动 LED 或其他显示器件。

3.2.3　数据选择器

1. 8 选 1 数据选择器 74LS151

数据选择器与数据分配器的功能刚好相反，数据选择器从多路输入信号中选择某个信号输出，所以它又称为多选一（$N \rightarrow 1$）电路，图 3.2.11 是 74LS151 的电路和功能示意图。由功能图可知当地址码 $A_2A_1A_0$=000 时，仅 m_0=1，$Y=m_0D_0$；当 $A_2A_1A_0$=001 时，仅 m_1=1，$Y=m_1D_1$；…；当 $A_2A_1A_0$=111 时，仅 m_7=1，$Y=m_7D_7$。

设置一个片选输入信号 $\overline{S}$，当 $\overline{S}$=1 时 Y=0，数据选择功能失效；当 $\overline{S}$=0 且 m_i=1 时 $Y=D_i$。即 74LS151 的功能是，当片选有效时地址码决定哪一路输入信号送往输出端。所以其逻辑函数为

$$Y = \left(m_0D_0 + m_1D_1 + \cdots + m_7D_7 \right) \overline{\overline{S}}$$
$$= \left(\sum_{i=0}^{7} m_i \cdot D_i \right) \overline{\overline{S}} \qquad (3.2.8)$$

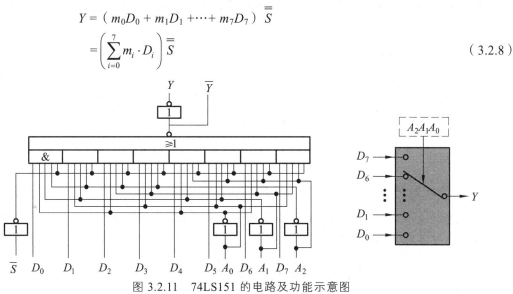

图 3.2.11　74LS151 的电路及功能示意图

2. 多路信号分时传送

将数据分配器与数据选择器结合，可以实现多路信号分时传送。即仅用一路串行数据线，使 A 地的多个点与 B 地的多个点实现串行通信，如图 3.2.12 所示。

例如要将 A_i 点的数据发送到 B_j 点，首先 A_i 点将自己的地址码发送到 A 地交换器（数据选择器）的地址寄存器锁存，即 A_i 点占用串行数据线，并将对方（B_j 点）的地址码发送到 B 地交换器（数据分配器）的地址寄存器锁存，使 A_i 点和 B_j 点通过串行数据线连通，然后 A_i 点将数据发送到 B_j 点。

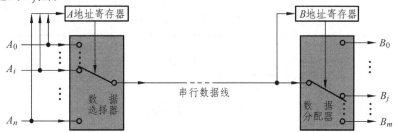

图 3.2.12　A、B 两地多点对多点串行通信示意图

3.2.4　数据比较器*

8 位数据比较器 74LS520（见图 2.2.8）只能比较两个数据是否相等，而不能比较其大小。

下面介绍的数据比较器能够对两个数据进行大小或相等判断。

1. 1 位数据比较器

两个 1 位二进制数 A 和 B 相比较，有三种情况：

① $A>B$（即 $A=1$，$B=0$），则 $A\overline{B}=1$，故可以用 $A\overline{B}$ 作为 $A>B$ 的输出信号 G；

② $A<B$（即 $A=0$，$B=1$），则 $\overline{A}B=1$，故可以用 $\overline{A}B$ 作为 $A<B$ 的输出信号 L；

③ $A=B$，则 $A\odot B=1$，故可以用 $A\odot B$ 作为输出信号 E。根据上述得 1 位数据比较器电路，如图 3.2.13 所示。

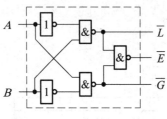

图 3.2.13　1 位数据比较器

2. 4 位数据比较器的设计

设有两个 4 位二进制数 $A=A_3A_2A_1A_0$，$B=B_3B_2B_1B_0$，当这两个数各位均相等，即 $E_3=E_2=E_1=E_0$ 时才有 $A=B$。所以

$$Y_{A=B}=E_3E_2E_1E_0=\overline{\overline{E_3}+\overline{E_2}+\overline{E_1}+\overline{E_0}} \qquad (3.2.9)$$

对 A 和 B 进行比较，应该由高位到低位依次进行。当高位相等时才比较次高位，次高位相等时才比较下一位……如此进行下去。列 $Y_{A<B}$ 的逻辑真值表，如表 3.2.4 所示。

表 3.2.4　4 位数据比较器的真值表

E_3	E_2	E_1	E_0	L_3	L_2	L_1	L_0	$Y_{A<B}$	说　　　明
×	×	×	×	1	×	×	×	1	当 $A_3<B_3$（$L_3=1$）即确定 $A<B$，其他可为任意值×
1	×	×	×	×	1	×	×	1	当 $A_3=B_3$，$A_2<B_2$（$E_3=1$，$L_2=1$）可确定 $A<B$
1	1	×	×	×	×	1	×	1	当 $A_3=B_3$，$A_2=B_2$，$A_1<B_1$ 可确定 $A<B$
1	1	1	×	×	×	×	1	1	当 $A_3=B_3$，$A_2=B_2$，$A_1=B_1$，$A_0<B_0$ 可确定 $A<B$

$$
\begin{aligned}
Y_{A<B} &= L_3+E_3L_2+E_3E_2L_1+E_3E_2E_1L_0 \\
&= \overline{\overline{L_3}\cdot\overline{E_3L_2}\cdot\overline{E_3E_2L_1}\cdot\overline{E_3E_2E_1L_0}} \qquad (3.2.10)\\
&= \overline{\overline{L_3}\cdot(\overline{E_3}+\overline{L_2})\cdot(\overline{E_3}+\overline{E_2}+\overline{L_1})\cdot(\overline{E_3}+\overline{E_2}+\overline{E_1}+\overline{L_0})}
\end{aligned}
$$

如果 $A\neq B$ 且 $A\not<B$，那么 A 一定是大于 B 的。所以

$$Y_{A>B}=\overline{Y_{A=B}\cdot\overline{Y_{A<B}}}=\overline{Y_{A=B}}+Y_{A<B} \qquad (3.2.11)$$

3. 4 位数据比较器 CC14585

由逻辑函数式（3.2.9）～（3.2.11）可得 4 位数据比较器 CC14585 的基本电路，如图

3.2.14 所示。但是 CC14585 还有三个级联输入信号 $I_{A<B}$，$I_{A=B}$，$I_{A>B}$，下面分析这三个信号的作用。

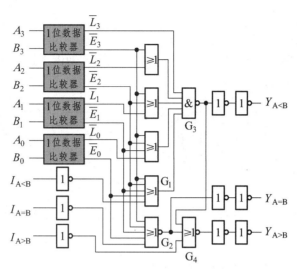

图 3.2.14　CC14585 的电路

若 $I_{A=B} = 0$ 导致 G_2 门输出 0，则使 $Y_{A=B}$ 恒为 0，即不能进行 A 等于 B 的比较，所以 $I_{A=B}$ 应该为 1。若 $I_{A>B} = 0$ 导致 G_4 门输出 0，则使 $Y_{A>B}$ 恒为 0。另外由式（3.2.11）可知，当 $A \neq B$ 且 $A \not< B$ 时直接决定了 $Y_{A>B} = 1$，$I_{A>B}$ 必须取值为 1 使 G_4 门处于开放状态，所以 $I_{A>B}$ 应随时保持高电平。若 $I_{A<B} = 1$，在 $A = B$ 的情况下，导致 G_1 门输出 0、G_3 门输出 1，此时会得到输出信号 $Y_{A<B} = 1$，这与 $A = B$ 的情况矛盾，所以 $I_{A<B}$ 应该为 0。

【例 3.2.3】试用两片 CC14585 构造一个 8 位数据比较器。

解：如图 3.2.15 所示，该电路先由第 I 片对低 4 位进行比较。若 $C_3C_2C_1C_0 = D_3D_2D_1D_0$，则第 II 片的三个级联输入信号 $I_{A<B} = 0$，$I_{A=B} = 1$，$I_{A>B} = 1$，此时符合第 II 片的工作要求。若 $C_3C_2C_1C_0 < D_3D_2D_1D_0$，则第 II 片的三个级联输入信号 $I_{A<B} = 1$，$I_{A=B} = 0$，$I_{A>B} = 1$，此时第 II 片中的 G_1 门处于开放状态，G_2 门输出为 0 使 $Y_{A=B} = 0$，所以第 II 片的输出不是 $Y_{A>B} = 1$ 就是 $Y_{A<B} = 1$。若 $C_3C_2C_1C_0 > D_3D_2D_1D_0$，则第 II 片的三个级联输入信号 $I_{A<B} = 0$，$I_{A=B} = 0$，$I_{A>B} = 1$，此时第 II 片中的 G_3 门处于开放状态，G_2 门输出为 0 使 $Y_{A=B} = 0$，所以第 II 片的输出不是 $Y_{A>B} = 1$ 就是 $Y_{A<B} = 1$。

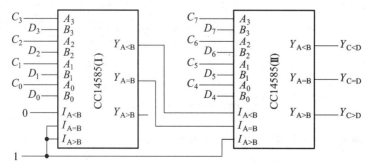

图 3.2.15　例 3.2.3 的电路

3.2.5 加法器

1. 串行进位加法器

在第 1 章我们通过例 1.2.2 研究过一位全加器,并得到一位全加器的电路符号(图 3.1.3)。将 n 个一位全加器串联起来就得到 n 位串行进位加法器,如图 3.2.16 所示。

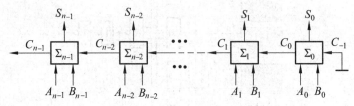

图 3.2.16 n 位串行进位加法器

显然串行进位加法器是逐级进位的,当最高进位 C_{n-1} 产生后才完成运算。设 TTL 基本门延时为 Δt,因为

$$C_i = A_iB_i + A_iC_{i-1} + B_iC_{i-1} = \overline{\overline{A_iB_i} \cdot \overline{A_iC_{i-1}} \cdot \overline{B_iC_{i-1}}} \tag{3.2.12}$$

这种与非-与非式由两级与非门实现,所以一位全加器的进位延时为 $2\Delta t$。那么一个 16 位串行进位加法器的进位总延时为 $32\Delta t$。

2. 并行进位加法器*

为了提高运算速度,在单片机中通常采用并行进位加法器。令 $d_i = A_iB_i$ 为生成函数,$t_i = A_i + B_i$ 为传递函数,则 $C_i = d_i + t_iC_{i-1}$。

$$\left.\begin{array}{l} C_0 = d_0 + t_0C_{-1} \\ C_1 = d_1 + t_1C_0 = d_1 + t_1d_0 + t_1t_0C_{-1} \\ C_2 = d_2 + t_2C_1 = d_2 + t_2d_1 + t_2t_1d_0 + t_2t_1t_0C_{-1} \\ C_3 = d_3 + t_3C_2 = d_3 + t_3d_2 + t_3t_2d_1 + t_3t_2t_1d_0 + t_3t_2t_1t_0C_{-1} \end{array}\right\} \tag{3.2.13}$$

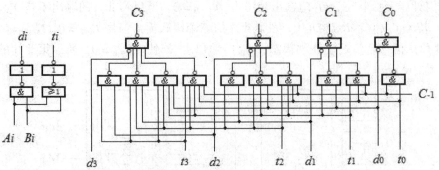

图 3.2.17 四位并行进位链

(3.2.13)式称为并行进位链,对应电路如图 3.2.17 所示。因为 $d_i = A_iB_i = \overline{\overline{A_iB_i}}$,$t_i = A_i + B_i = \overline{\overline{A_i + B_i}}$,所以生成函数和传递函数的产生需要 $2\Delta t$ 的延时。另外,(3.2.13)式的 $C_0 \sim C_3$ 均可化为与非-与非式,所以当生成函数和传递函数产生后,只需 $2\Delta t$ 的延时即可同时产生 $C_0 \sim C_3$。

但是受门电路扇入系数（≤8）的限制，对于 16 位加法器不能按（3.2.13）式继续做下去，只能每 4 位分为一组，形成 4 组。将（3.2.13）式的最高进位定义为 $C_3 = D_0 + T_0 C_{-1}$，其中 $D_0 = d_3 + t_3 d_2 + t_3 t_2 d_1 + t_3 t_2 t_1 d_0$ 为组间生成函数，$T_0 = t_3 t_2 t_1 t_0$ 为组间传递函数。

同理组间进位遵循逻辑关系 $C_i = D_i + T_i C_{i-1}$，按（3.2.13）式的方法可组成组间并行进位链：

$$\left. \begin{aligned} C_3 &= D_0 + T_0 C_{-1} \\ C_7 &= D_1 + T_1 C_3 = D_1 + T_1 D_0 + T_1 T_0 C_{-1} \\ C_{11} &= D_2 + T_2 C_7 = D_2 + T_2 D_1 + T_2 T_1 D_0 + T_2 T_1 T_0 C_{-1} \\ C_{15} &= D_3 + T_3 C_{11} = D_3 + T_3 D_2 + T_3 T_2 D_1 + T_3 T_2 T_1 D_0 + T_3 T_2 T_1 T_0 C_{-1} \end{aligned} \right\} \quad (3.2.14)$$

从（3.2.13）和（3.2.14）式可知，16 位并行进位加法器的生成函数和传递函数的产生需要 $2\Delta t$ 的延时，组内并行进位需要 $2\Delta t$ 的延时，组间并行进位需要 $2\Delta t$ 的延时，所以 16 位并行进位加法器的总延时只需 $6\Delta t$ 延时。这个延时不到 16 位串行进位加法器延时的 1/5。

【例 3.2.4】用 8421BCD 码表示十进制数，试设计两位十进制加法器。

解： 两位十进制加法器需要 8 位二进制加法器。用 8421BCD 码表示的两个 1 位的十进制数进行相加，若其和出现伪码（即大于 9）或者该位向高位产生了进位，则该位的和还要加 6 进行修正。由此列十进制数进位的逻辑真值表，如表 3.2.5 所示。

表 3.2.5　十进制数进位的真值表

两个 1 位十进制数相加的和	两个 4 位二进制数相加的和					十进制数的进位	说　明
	C_3	S_3	S_2	S_1	S_0	C_D	
0～9	0	×	×	×	×	0	不加 6 修正
10	0	1	0	1	0	1	①十进制数的和为 10～19 产生进位，应该加 6 修正 ②考虑到来自低位的进位，两个 1 位十进制数的和最大值为 19
11	0	1	0	1	1	1	
12	0	1	1	0	0	1	
13	0	1	1	0	1	1	
14	0	1	1	1	0	1	
15	0	1	1	1	1	1	
16	1	0	0	0	0	1	
17	1	0	0	0	1	1	
18	1	0	0	1	0	1	
19	1	0	0	1	1	1	
20 ⋮ 31	1 ⋮ 1	0 ⋮ 1	1 ⋮ 1	0 ⋮ 1	0 ⋮ 1	× ⋮ ×	逻辑无关项

由真值表得 C_D 的卡诺图，如图 3.2.18 所示。由卡诺图得十进制数进位 C_D 的逻辑函数

$$C_D = C_3 + S_3 S_2 + S_3 S_1 \quad (3.2.15)$$

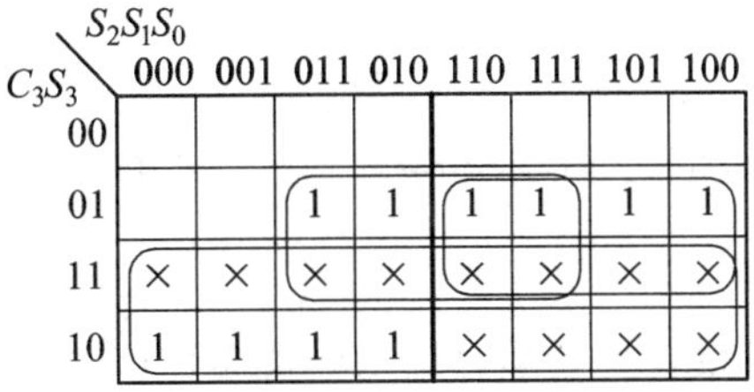

图 3.2.18　C_D 的卡诺图

根据图 3.2.16 和式（3.2.15）得两位十进制加法器电路，如图 3.2.19 所示。

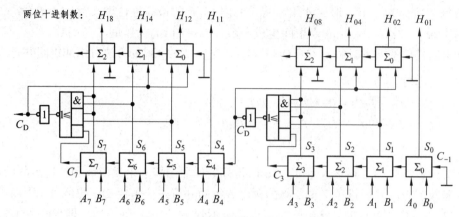

图 3.2.19　两位十进制加法器电路

【阅读】补码加法器*

在单片机内部是不会集成例 3.2.4 那样的电路来实现十进制运算的，十进制运算是通过编程实现的。即十进制运算以 8421BCD 码为运算对象，进行二进制运算，最后对结果给予修正。总之所有的算术运算都是以补码加法器为核心，即使乘、除法运算电路也如此。

1. 补码加减法的算法

$$[X+Y]_{补}=[X]_{补}+[Y]_{补} \qquad\qquad [X-Y]_{补}=[X]_{补}+[-Y]_{补} \qquad\qquad （3.2.16）$$

2. 补码的加减法运算电路

根据（3.2.16）式，单片机（MCU）的算术逻辑单元 ALU 将加减法运算统一为同一个电路来实现。如图 3.2.20 所示。当控制信号 $M=0$ 时电路实现$[X+Y]_{补}$的运算；当控制信号 $M=1$ 时电路实现$[X-Y]_{补}$的运算，其中$[-Y]_{补}$等于$[Y]_{补}$按位取反（包括符号位）后末位加 1。

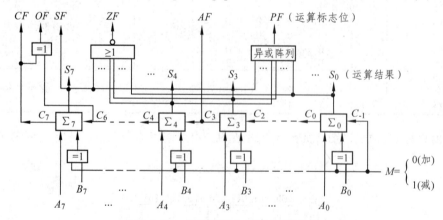

图 3.2.20　八位补码加减法运算电路

3. 运算标志位

在单片机的 ALU 中还要设置一些运算结果的标志位，如进位标志 CF、溢出标志 OF、符号标志 SF、零标志 ZF、辅助进位标志 AF、奇标志 PF 等。这些标志位为 1 表示运算结果具有某种特征，提供给汇编语言程序员做出正确的判定和处理，因为数据是由编程者定义的。若针对无符号数运算，编程者关注的是 CF；若针对有符号数（补码）运算，编程者关注的是 OF。

在单片机的 ALU 中既不会集成图 3.2.14 的数据比较器，也不会集成图 3.2.19 的十进制运算器，那样会使 ALU 很臃肿，硬件开销太大。要比较两个数 A 和 B 的大小通过编程实现，只需进行一次 $A - B$ 的运算，然后根据运算结果标志位即可判定。例如针对无符号数 $A \leqslant B$ 的条件是：$CF+ZF=1$；针对有符号数 $A \leqslant B$ 的条件是：$(OF \oplus SF)+ZF=1$。若针对十进制数（8421BCD）运算，编程者是借用二进制运算器进行运算，并关注标志位 AF 和结果是否出现伪码，以决定对运算结果的修正。

综上所述，因为 ALU 中的加法器是最繁忙的部件，所以通过增加硬件的复杂度来提高运算速度，即以牺牲空间换取时间。但是为了使 ALU 不太复杂臃肿，通常在 ALU 中不会集成十进制运算器和数据比较器，毕竟十进制运算和数据比较不是很频繁的，通过编程也可以实现，即以牺牲时间换取空间。在数字系统设计中，一般硬件可以软化，软件也可以硬化。要追求速度应从硬件入手，要精简电路降低成本和功耗应从软件入手。总之根据实际情况在软硬件两个方面达到合理的取舍。

3.2.6　函数发生器

单片机的 ALU 中还要集成函数发生器，以便实现多种逻辑运算。设某 ALU 具有与、或、非、异或四种逻辑运算，需要两位选择码 S_1S_0 来选择其中一种运算，即函数发生器的输出为

$$Y = \overline{S_1}\,\overline{S_0}AB + \overline{S_1}S_0(A+B) + S_1\overline{S_0}\overline{A} + S_1S_0(A \oplus B) \tag{3.2.17}$$

用卡诺图化简得

$$Y = S_1\overline{S_0}\overline{A} + S_0\overline{A}B + S_0A\overline{B} + \overline{S_1}AB = \overline{\overline{S_1\overline{S_0}\overline{A}} \cdot \overline{S_0\overline{A}B} \cdot \overline{S_0A\overline{B}} \cdot \overline{\overline{S_1}AB}} \tag{3.2.18}$$

由与非-与非式（3.2.18）得到函数发生器的电路图 3.2.21。

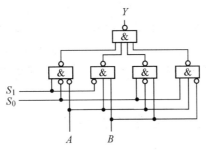

图 3.2.21　函数发生器电路

3.2.7　奇偶校验电路

由于传输信道中的噪声干扰，可能导致被传送的数据出错。例如，发送的数据是 A，而接收到的数据却是 $\overline{A}$。为了提高数据传输的可靠性，通常将数据采用专门的逻辑电路进行编码传送，接收方用专门的逻辑电路进行校验，判断接收数据是否有错。有的校验方法还具有

自动纠错能力，奇偶校验是最简单的一种校验方法，它具有检测 1 位数据出错的能力，但不具有自动纠错能力。下面介绍偶校验的原理，奇校验原理与此相似。

如图 3.2.22 所示，发送一个字节（Byte）数据 $D_7D_6D_5D_4D_3D_2D_1D_0$ 前，发送方先形成偶校验位：

$$P = D_7 \oplus D_6 \oplus D_5 \oplus D_4 \oplus D_3 \oplus D_2 \oplus D_1 \oplus D_0 \tag{3.2.19}$$

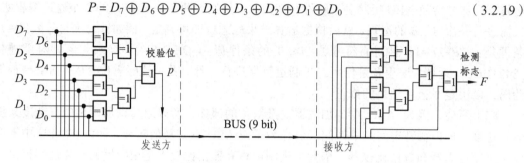

图 3.2.22　偶校验形成与检测电路

将偶校验码 $PD_7D_6D_5D_4D_3D_2D_1D_0$ 一起发送，接收方用偶校验方式检错。检测标志：

$$F = P \oplus D_7 \oplus D_6 \oplus D_5 \oplus D_4 \oplus D_3 \oplus D_2 \oplus D_1 \oplus D_0 = \begin{cases} 1 \rightarrow 有奇偶性错 \\ 0 \rightarrow 无奇偶性错 \end{cases} \tag{3.2.20}$$

【例 3.2.5】已知字节数据 10110011，01110001，求其对应的奇校验码和偶校验码。

解：奇校验码为 $\underline{0}$10110011，$\underline{1}$01110001；最高位加下划线表示校验位。

偶校验码为 $\underline{1}$10110011，$\underline{0}$01110001。

【说明】这里的奇偶性是指一个校验码中所含 1 的个数是奇数还是偶数。偶校验码中 1 的个数应当为偶数。如果接收方得到的代码中 1 的个数变为奇数，即出现奇偶性错，那么检测标志 $F = 1$ 表示接收代码有 1 位（或奇数位）出错，接收方则摒弃本次接收的代码。如果有两位出错，显然奇偶性不会被破坏。但是为什么还要用奇偶校验来检错呢？这里有一个前提，即传送的数据位不太长，最多以一个字节构成一个奇偶校验码（如 PC 机的存储器），而且一位出错的概率较低。例如，若一位出错的概率为万分之一，那么两位同时出错的概率就降为亿分之一了。由于两位同时出错的概率很低，可以充分信任接收到的数据，所以采用奇偶校验方法能够提高数据传输的可靠性。当然这并不意味着接收到的数据绝对正确，但是对于数据传输的要求不是特别严格的场合用此方法检错是非常经济的。

3.3　用 MSI 芯片设计组合逻辑电路

3.3.1　用译码器设计组合逻辑电路

从式（3.2.6）和式（3.2.7）可知，译码器的每个输出信号对应一个逻辑最小项，那么可以用译码器来表示任意组合逻辑函数。

1. 用译码器设计组合逻辑电路的方法

（1）将逻辑函数化为最小项之和的形式，即标准式；

（2）再将逻辑函数变换为最小项的与非式；

（3）根据最小项的与非式画出逻辑电路。

2. 应用举例

【例 3.3.1】 试用 74LS138 设计一位全加器。

解： 将式（1.2.3）进行变换得 S_i 和 C_i 的表达式如下，并根据表达式画出逻辑电路图，如图 3.3.1 所示。

$$S_i = \sum m_i \ (i = 1,\ 2,\ 4,\ 7)$$
$$= m_1 + m_2 + m_4 + m_7$$
$$= \overline{\overline{m_1} \cdot \overline{m_2} \cdot \overline{m_4} \cdot \overline{m_7}}$$

$$C_i = \sum m_i \ (i = 3,\ 5,\ 6,\ 7)$$
$$= m_3 + m_5 + m_6 + m_7$$
$$= \overline{\overline{m_3} \cdot \overline{m_5} \cdot \overline{m_6} \cdot \overline{m_7}}$$

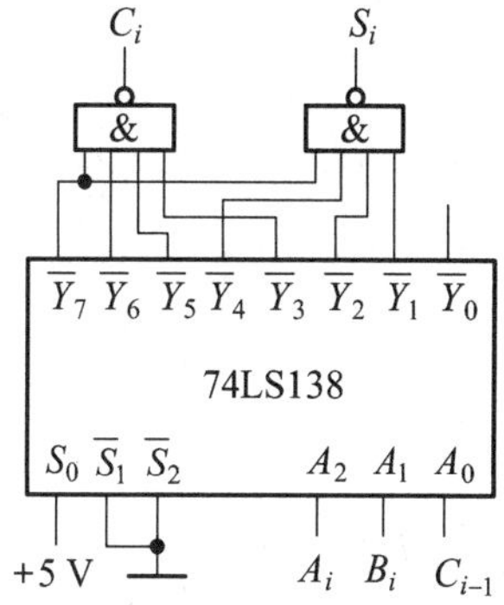

图 3.3.1　例 3.3.1 的电路

3.3.2　用数据选择器设计组合逻辑电路

从式（3.2.9）可知，数据选择器的输出逻辑函数中包含了全部逻辑最小项，所以可以用数据选择器来表示任意组合逻辑函数。

四人表决器　判奇电路

1. 用数据选择器设计组合逻辑电路的方法

（1）将逻辑函数化为最小项之和的形式，即标准式；

（2）对于已化为最小项之和的逻辑函数中的每个最小项，撇开最低位的剩余部分（视为少了一个变量后的最小项），即为输入信号的地址码，其最低位就是对应输入信号的取值。

四舍五入电路　函数发生器

2. 应用举例

【例 3.3.2】 某楼道内住着 A，B，C，D 四户人家，楼道顶上有一盏路灯。请设计一个控制电路，要求 A，B，C，D 都能在自己的家中独立地控制这盏路灯。

解： 设四户人家 A，B，C，D 要改变路灯的状态输入信号 1，不改变路灯的状态输入信号 0。路灯 Y 的亮和灭分别用 1 和 0 表示。根据假设列真值表，如表 3.3.1 所示。

表 3.3.1　例 3.3.2 的真值表

$A\ B\ C\ D$	Y	$A\ B\ C\ D$	Y	$A\ B\ C\ D$	Y	$A\ B\ C\ D$	Y
0 0 0 0	0	0 1 0 0	1	1 0 0 0	1	1 1 0 0	0
0 0 0 1	1	0 1 0 1	0	1 0 0 1	0	1 1 0 1	1
0 0 1 0	1	0 1 1 0	0	1 0 1 0	0	1 1 1 0	1
0 0 1 1	0	0 1 1 1	1	1 0 1 1	1	1 1 1 1	0

由真值表得逻辑函数式

$$Y = \overline{A}\,\overline{B}\,\overline{C}D + \overline{A}\,\overline{B}C\overline{D} + \overline{A}B\overline{C}\,\overline{D} + \overline{A}BCD + A\overline{B}\,\overline{C}\,\overline{D} + A\overline{B}CD + AB\overline{C}D + ABC\overline{D} \qquad （3.3.1）$$

这是一个判奇函数，即 4 位二进制数中有奇数个 1 则 $Y=1$。将式（3.3.1）进行变换得式（3.3.2），并根据式（3.3.2）画出逻辑电路图，如图 3.3.2 所示。该图输出信号 Y 送照明线路上的双向晶闸管的 G 端（参见例 4.1.4）。

$$Y = m_0 \cdot D + m_1 \cdot \overline{D} + m_2 \cdot \overline{D} + m_3 \cdot D + m_4 \cdot \overline{D} + m_5 \cdot D + m_6 \cdot D + m_7 \cdot \overline{D} \tag{3.3.2}$$

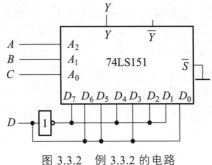

图 3.3.2　例 3.3.2 的电路

【例 3.3.3】用数据选择器 74LS151 产生逻辑函数 $Y = A\overline{C}D + \overline{A}BCD + BC + B\overline{C}\overline{D}$。

解：将逻辑函数进行变换得到（3.3.3）式，并根据（3.3.3）式画出逻辑电路图，如图 3.3.3。

$$
\begin{aligned}
Y &= A\overline{C}D + \overline{A}BCD + BC + B\overline{C}\overline{D} \\
&= A\overline{B}\overline{C}D + AB\overline{C}\overline{D} + \overline{A}BCD + \overline{A}BC + ABC + \overline{A}B\overline{C}\overline{D} + AB\overline{C}\overline{D} \\
&= \overline{A}\overline{B}\overline{C}\cdot 0 + \overline{A}\overline{B}C\cdot D + \overline{A}B\overline{C}\cdot\overline{D} + \overline{A}BC\cdot 1 + A\overline{B}\overline{C}\cdot D + A\overline{B}C\cdot 0 + AB\overline{C}\cdot 1 + ABC\cdot 1 \\
&= m_0\cdot 0 + m_1\cdot D + m_2\cdot \overline{D} + m_3\cdot 1 + m_4\cdot D + m_5\cdot 0 + m_6\cdot 1 + m_7\cdot 1
\end{aligned}
\tag{3.3.3}
$$

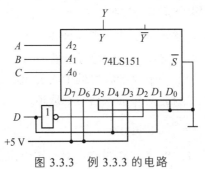

图 3.3.3　例 3.3.3 的电路

3.4　组合逻辑电路中的竞争与险象*

3.4.1　竞争与险象的成因

前面所研究的组合逻辑电路是基于这样一个前提，即输入信号是同时送入逻辑门电路的，可实际情况并非如此。因为信号通过任意一级门电路总是存在着时间延迟，而且不同的门电路产生的延迟时间是不同的。这将导致多个信号通过不同支路送到某个逻辑门的输入端有先有后，即存在一定的时差，这种现象称为竞争。竞争会引发什么样的后果呢？

例如，一个与门有两个输入端 A 和 B，稳态下 $AB = 10$，输出 $Y = 0$。当 AB 从 10 跳变为

01 的过程中有两种情况发生：一种情况是信号 A 先于信号 B 跳变，那么输出信号 Y 为稳定的低电平；另一种情况是信号 B 先于信号 A 跳变，当信号 B 上升到 $U_{\text{IH(min)}}$ 以上且信号 A 还保持为高电平的瞬时，输出信号 Y 也跳变为高电平。当信号 A 降为低电平后输出信号 Y 才降为低电平，形成稳定状态。在这个过程中输出端产生了一个极窄的 $Y=1$ 的尖峰脉冲（亦称毛刺）。那么竞争的后果可能引发门电路的输出端产生尖峰脉冲，这个尖峰脉冲不符合门电路稳态下的逻辑功能，是电路内部的一种噪声。虽然这个尖峰脉冲只是输出信号的一个暂态过程，会瞬间消失，但是它可能触发后续的时序逻辑电路误动作。通常将因竞争而出现了尖峰脉冲信号的情况称为险象。

3.4.2 消除竞争与险象的方法

1. 输出端接滤波电容

如图 3.4.1（a）所示，在门电路的输出端接一个很小的滤波电容（几十至几百皮法），就能消除尖峰脉冲。因为尖峰脉冲是高频交变信号，通过电容 C 旁路到接地端。但是当输出逻辑信号发生跳变时，由于电容 C 充放电的影响，会使上升时间和下降时间延长，输出逻辑信号的质量变差。

2. 输入端加选通脉冲

如图 3.4.1（b）和（c）所示，在门电路的输入端加一个选通脉冲 P，当这个选通脉冲还未到达（$P=0$）时，与门被封锁，Y 保持为低电平。当选通脉冲到达（$P=1$）时，输入信号 A 和 B 已完成跳变趋于稳定，所以 $Y=ABP$。换句话说，选通脉冲的作用是将输出响应时间推迟到输入信号稳定之后。但是这种方法使输出信号 Y 与选通脉冲的同步，也变成了脉冲信号。另一方面要求选通脉冲必须跟踪输入信号的变化，这又增加了控制难度。

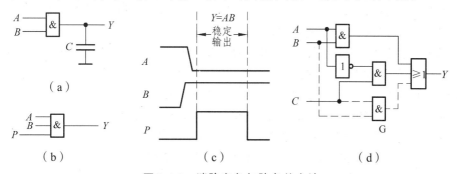

图 3.4.1 消除竞争与险象的方法

3. 增加逻辑函数的冗余项

以图 3.4.1（d）为例，若该电路的逻辑函数 $Y=AB+\overline{A}C$，在 $B=C=1$ 的情况下，信号 A 的状态改变存在竞争，可能引发险象。为了消除竞争与险象，可以在逻辑函数式中增加一个冗余项 BC，即在电路中增加一个与门 G（$Y=AB+\overline{A}C+BC$）。与门 G 的输出为 1 将或门封锁，使 Y 保持为 1。所以信号 A 的状态改变不存在竞争了。增加冗余项不失为一种理想的方法，但是这样有利的条件并不是任何情况下都存在。

习 题

3-1 写出图 3-1 的逻辑函数式,说明其功能。

3-2 如图 3-2 所示是多功能函数发生器,试写出当 $S_3S_2S_1S_0 = 0000 \sim 1111$ 共 16 种不同状态时输出 Y 的逻辑函数式。

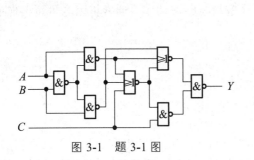

图 3-1 题 3-1 图

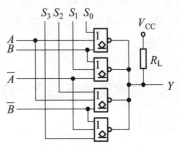

图 3-2 多功能函数发生器

3-3 一热水器内设置了上、下两对电极来检测水位。电极浸没在水中时短路,否则电极断路。若热水淹没了上电极使黄灯亮,若水位低于上电极水位而淹没了下电极使绿灯亮,若水位低于下电极水位使红灯亮,试设计该电路。

3-4 试为某水坝设计一个水位报警器,设水位高度用 4 位二进制数提供。当水位上升到 8 m 以上时绿色指示灯亮;当水位上升到 10 m 以上时黄色指示灯亮;当水位上升到 12 m 以上时红色指示灯亮;水库的极限水位为 15 m。

3-5 试设计一个四人表决器,当四个人中有 3 个人或 4 个人赞成时绿灯亮,表示建议被通过;否则红灯亮,表示建议被否决。

3-6 举重比赛有 3 个裁判,一个主裁判 A 和两个辅裁判 B,C,杠铃完全举上的裁决由每个裁判按下自己的按键来决定。当 3 个裁判判为成功或两个裁判(其中一个为主裁判)判为成功,则成功指示灯亮。试设计此逻辑电路。

3-7 现有四台设备,每台设备用电均为 10 kW。若这四台设备用 F_1 和 F_2 两台发动机供电,其中 F_1 的功率为 10 kW,F_2 的功率为 20 kW。而四台设备的工作情况是:四台设备不可能同时工作,但至少有一台设备工作。设计一个供电控制电路,以达到节电之目的。

3-8 8 位数据线上传输的是两位十进制数(8421BCD 码),当该数能被十进制数 11 整除时标志信号 F 置 1,否则 F 置 0。试设计此逻辑电路。

3-9 设计一个代码转换电路,将一位十进制数的余 3 码转换为 8421BCD 码。

3-10 直接写出高电平输出有效的 4 ~ 16 译码器的逻辑函数式,其中包括一个低电平输入有效的片选信号。

3-11 直接写出 16 选 1 数据选择器的逻辑函数式,其中包括一个低电平输入有效的片选信号。

3-12 设输入数据为 4 位二进制数,当该数据能被 3 整除时标志信号置 1,否则置 0。直接写出实现此功能的逻辑函数标准式。

3-13 设输入数据为 4 位二进制数,直接写出由此二进制数决定的奇校验位的逻辑函数。

3-14 设输入数据为 8 位二进制数,当该数据能被 8 整除时标志信号置 1,否则置 0。直接写出实现此功能的逻辑函数式。

3-15 直接写出一位全加器的逻辑函数式的标准式。

3-16 直接写出五变量输入不一致（即五个变量的取值既不是全 1 也不是全 0）的逻辑函数，高电平输出有效。

3-17 试用四片 74LS148 实现 32～5 优先编码器。

3-18 试用四片 74LS138 实现 5～32 译码器。

3-19 写出图 3-3 所示电路的逻辑函数，化为最简与或式。

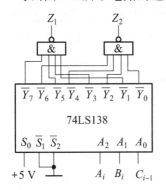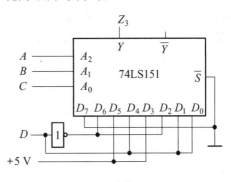

图 3-3 题 3-19 图

3-20 试用两片 74LS151 实现 16 选 1 数据选择器。

3-21 用 74LS151 实现逻辑函数：$Y = \overline{A}CD + A\overline{C}D + A\overline{B} + AB\overline{C}$。

3-22 用一片 74LS138 实现多输出逻辑函数：$Y_1 = AC$，$Y_2 = \overline{A}\overline{B}C + A\overline{B}\overline{C} + BC$，$Y_3 = \overline{B}\overline{C} + AB\overline{C}$。

3-23 设计一个函数发生器，其功能见表 3-1。

表 3-1 函数发生器功能表

S_3 S_2 S_1	Y	S_3 S_2 S_1	Y
0 0 0	1	1 0 0	A、B 取同或
0 0 1	A、B 相或	1 0 1	A、B 取相与
0 1 0	A、B 取与非	1 1 0	A、B 取或非
0 1 1	A、B 取异或	1 1 1	0

第4章 时序逻辑电路

时序逻辑电路的输出不仅取决于当前输入信号的状态，而且还与电路原来的状态有关。即时序逻辑电路具有保存电路原来状态的能力，这种能力是由能存储 1 位二进制数的基本元件 —— 触发器所决定的。

4.1 存储元件——触发器

触发器按其稳定工作状态可分为双稳态触发器和单稳态触发器。双稳态触发器的特点是：具有两个稳定状态，可用来表示逻辑状态 0 和 1，且根据不同的输入信号可以将其置为 0 或 1。或者说双稳态触发器是一种可读写的存储元件。单稳态触发器的特点是：受输入信号的触发，它由稳态跳变到暂态，暂态维持一定的时间后又自动返回到稳态。本章所涉及的触发器都是双稳态触发器。

4.1.1 RS 触发器及时钟电平控制的触发器

1. 基本 RS 触发器及时钟电平控制的触发器

1）基本 RS 触发器的结构及原理

基本 RS 触发器是构成各种双稳态触发器的基础，其电路结构如图 4.1.1（a）所示，图 4.1.1（b）是其电路符号。双稳态触发器都有两个互补输出端 Q（原端输出）和 $\bar{Q}$（反端输出），并定义当 $Q = 1$，$\bar{Q} = 0$ 时为触发器处于置位（1）状态；当 $Q = 0$，$\bar{Q} = 1$ 时为触发器处于复位（0）状态。双稳态触发器有两个输入端：$\bar{S}_\mathrm{D}$（Set）称为置位输入端，$\bar{R}_\mathrm{D}$（Reset）称为复位输入端。其下标 D（Direct）表示该信号不受时钟的控制，可以直接导致触发器动作，其上划线表示低电有效。下面分析它的工作原理。

当 $\bar{R}_\mathrm{D} = 0$，$\bar{S}_\mathrm{D} = 1$ 时，即复位输入端有效而置位输入端无效时，触发器被复位，处于 0 状态。当 $\bar{R}_\mathrm{D} = 1$，$\bar{S}_\mathrm{D} = 0$ 时，即复位输入端无效而置位输入端有效时，触发器被置位，处于 1 状态。当 $\bar{R}_\mathrm{D} = \bar{S}_\mathrm{D} = 1$ 时，即复位输入端和置位输入端均无效时，因为信号 1 对于 G_1 门和 G_2 门是开放的，G_1 门的输出取决于 G_2 门反馈过来的信号，G_2 门的输出取决于 G_1 门反馈过来的信号，而这两个反馈信号就是触发器原来的状态，所以触发器保持初始状态不变。当 $\bar{R}_\mathrm{D} = \bar{S}_\mathrm{D} = 0$ 时，即复位输入端和置位输入端同时有效时，触发器的输出端将出现 $Q = \bar{Q} = 1$ 的情况，这与双稳态触发器的定义冲突，因此应禁止输入 $\bar{R}_\mathrm{D} = \bar{S}_\mathrm{D} = 0$。

用两个或非门也能构成基本 RS 触发器，这样的基本 RS 触发器的复位输入端和置位输入端变成高电平有效。

综上所述，不管是与非门还是或非门构成基本 RS 触发器，其共同特点是：有一对互补信号输出，复位端有效将触发器复位，置位端有效将触发器置位，复位端和置位端均无效触发器不响应，复位端和置位端均有效不允许。因此在观察触发器电路图时首先应确定触发信号是高电平有效还是低电平有效。另外，触发信号只需维持到触发器获得稳定输出后就可以撤销（输入端为高阻状态），此后触发器依赖自身的输出信号反馈回来使自己的状态维持不变。这就是触发器的存储原理。

2）触发器逻辑功能的表示方法

（1）特性表。表 4.1.1 所示是基本 RS 触发器的特性表。表中 Q^n 表示信号输入前触发器的状态，称为初态。Q^{n+1} 表示信号输入后触发器的状态，称为次态。

（2）状态转换图。图 4.1.2 所示是基本 RS 触发器的状态转换图。箭头的起点表示触发器的初态，箭头的终点表示触发器的次态。

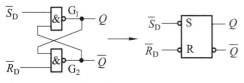

（a）电路结构　　（b）电路符号

图 4.1.1　基本 RS 触发器的电路及符号

表 4.1.1　RS 触发器的特性表

$\overline{R}_D$	$\overline{S}_D$	Q^{n+1}	触发器的次态
0	0	×	不确定
0	1	0	复　位
1	0	1	置　位
1	1	Q^n	保　持

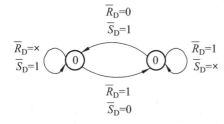

图 4.1.2　基本 RS 触发器的状态转换图

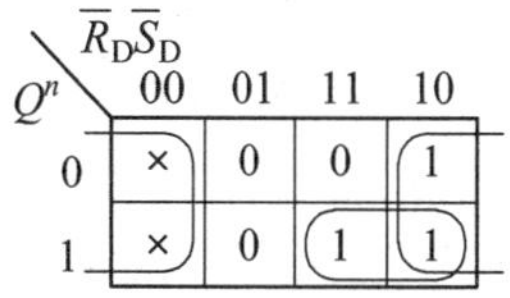

图 4.1.3　基本 RS 触发器的卡诺图

（3）特性（次态）方程，图 4.1.3 所示是基本 RS 触发器的次态卡诺图，由卡诺图得基本 RS 触发器的特性方程。因为 $\overline{R}_D$ 和 $\overline{S}_D$ 不能同时为 0，即 $\overline{R}_D + \overline{S}_D = 1$。所以（4.1.1）式是带约束条件的特性方程：

$$\left. \begin{aligned} Q^{n+1} &= \overline{\overline{S}_D} + \overline{R}_D Q^n \\ \overline{R}_D \cdot \overline{S}_D &= 0 \end{aligned} \right\} \tag{4.1.1}$$

【例 4.1.1】　如图 4.1.4（a）所示是一个防抖动输出的开关电路，试分析其原理。

解：　当开关 K 切换时，触点间碰撞不可避免地引起触点作阻尼振动，导致输入信号抖动，如图 4.1.4（b）所示。例如，当 K 切换到 $\overline{R}_D$ 端的瞬时 $\overline{R}_D = 0$，使触发器复位（$Q = 0$）。因为振动，触点 K 瞬间离开 $\overline{R}_D$ 端，此时 $\overline{R}_D = \overline{S}_D = 1$，触发器保持复位状态，所以输出信号 Q 的波形不会出现抖动，如图 4.1.4（b）所示。

【例 4.1.2】　如图 4.1.5 所示是断线式防盗报警电路。CD4004 是四 2 输入或非门，两个或非门构成高电平触发的基本 RS 触发器。接通电源电容 C 开始充电的瞬时 $R_D = 1$，而 $S_D = 0$，

使基本 RS 触发器复位，Q 输出低电平，不让报警器发声。充电完毕 $R_D = 0$，而 S_D 仍为 0，基本 RS 触发器保持复位状态。当有贼闯入将防盗线（细导线）碰断时 $S_D = 1$，$R_D = 0$，基本 RS 触发器置 1，Q 变为高电平使报警器发声。即使盗贼将防盗线又接上也不能使输出状态发生变化，除非将复位开关 K 闭合。

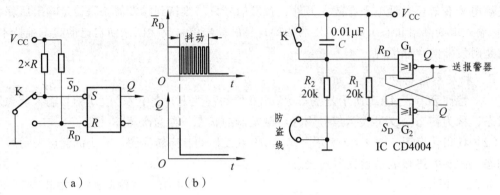

（a）　　　　　　　　　　（b）

图 4.1.4　例 4.1.1 的电路及波形图　　　　图 4.1.5　例 4.1.2 的电路

2. 时钟电平控制的 RS 触发器

图 4.1.6（a）是带时钟控制的 RS 触发器电路，图 4.1.6（b）是其电路符号。该电路的时钟信号 CP 高电平有效。即当 $CP = 0$ 时，R 和 S 信号被阻止，$\overline{R}_D = \overline{S}_D = 1$，触发器的状态保持。当 $CP = 1$ 时 R 和 S 信号被开放，允许触发器动作。且此时 $\overline{R}_D = \overline{R}$，$\overline{S}_D = \overline{S}$，代入式（4.1.1）得带时钟控制的 RS 触发器的特性方程：

$$\left.\begin{array}{l} Q^{n+1} = S + \overline{R}Q^n (CP = 1) \\ RS = 0 \end{array}\right\} \qquad (4.1.2)$$

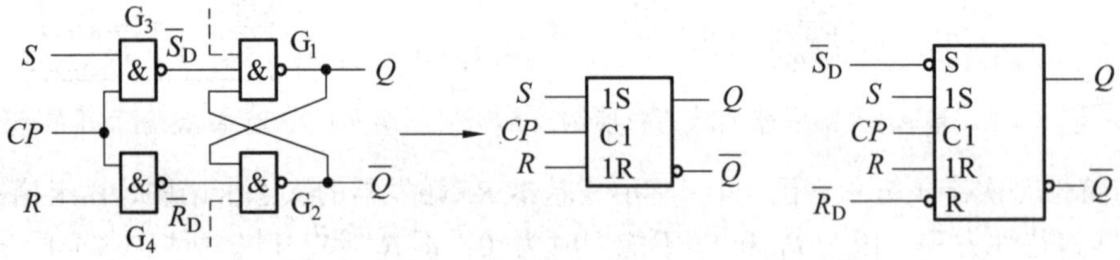

（a）　　　　　　　　　　（b）　　　　　　　　　　（c）

图 4.1.6　时钟电平控制的 RS 触发器的电路及符号

式（4.1.2）与式（4.1.1）的区别是：式（4.1.2）中的特性方程是在 $CP = 1$ 的条件下才成立，而式（4.1.1）中的特性方程是恒等式。式（4.1.2）中的 R、S 受 CP 的控制且高电平有效，即只有当 $CP = 1$ 时才可能导致触发器动作，常将 R 称为同步复位触发信号，S 称为同步置位触发信号。而式（4.1.1）中的 $\overline{R}_D / \overline{S}_D$ 可以直接使触发器复位/置位（下标 D 表示直接之意），即不受时钟 CP 控制，所以 $\overline{R}_D$ 为异步触发复位端，$\overline{S}_D$ 为异步触发置位端。

图 4.1.6（c）是保留了异步复位/置位输入端的时钟控制 RS 触发器的电路符号，它是图 4.1.6（a）中的 G_1 门和 G_2 门各自多接了一个输入信号（虚线），显然这两个信号各自具有直接复位/置位功能。

【说明】时钟控制信号是为了协调时序逻辑电路中多个触发器步调一致而引入的。例如，某电路中有三个带时钟控制的 *RS* 触发器，若要三个触发器同时复位，三个触发器的 *CP* 端应并联，且初始 *CP* 为 0，当三个复位信号 R_1，R_2，R_3（均为 1）分别到达后，*CP* 才跳变为 1，此时三个触发器同时复位。

3. 时钟电平控制的 *JK* 触发器

为了摒弃时钟 *RS* 触发器对输入信号的约束，将时钟 *RS* 触发器的输出信号反馈到输入级即得到时钟 *JK* 触发器，如图 4.1.7 所示。因为反馈到输入级的是一对互补信号，所以图 4.1.7 中的 $\overline{R}_D$ 和 $\overline{S}_D$ 不会同时为 0，当然就不需要约束条件了。将 G_3 门的输入 $J\overline{Q}$ 视为式（4.1.2）的 *S*，将 G_4 门的输入 *KQ* 视为式（4.1.2）的 *R*，由式（4.1.2）得的特性方程：

$$
\begin{aligned}
Q^{n+1} &= J\overline{Q} + \overline{KQ}Q^n \\
&= J\overline{Q} + (\overline{K} + \overline{Q})Q^n \\
&= J\overline{Q} + \overline{K}Q^n \quad (CP = 1)
\end{aligned}
\tag{4.1.3}
$$

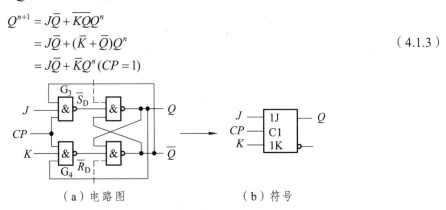

（a）电路图　　　　（b）符号

图 4.1.7　时钟电平控制的 *JK* 触发器的电路及符号

根据（4.1.3）式可得 *JK* 触发器的特性表 4.1.2。由表 4.1.2 可知，*J*、*K* 高电平有效，*J* 为同步置位端，*K* 为同步复位端，*JK* 触发器无约束条件。

表 4.1.2　*JK* 触发器的特性表

J	K	Q^{n+1}	触发器的次态
0	0	Q	保　持
0	1	0	复　位
1	0	1	置　位
1	1	$\overline{Q}$	翻　转

4. 时钟电平控制的 *D* 触发器

D 触发器是单端输入的触发器，如图 4.1.8 所示。将 $S = D$，$R = \overline{D}$ 代入式（4.1.2），得时钟电平控制的 *D* 触发器的特性方程：$Q^{n+1} = D(CP = 1)$。因为信号 *D* 送入 G_3 门和 G_4 门相异，所以无约束条件。

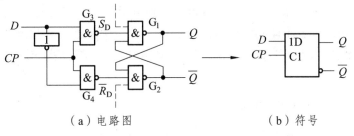

（a）电路图　　　　（b）符号

图 4.1.8　时钟电平控制的 *D* 触发器的电路及符号

4.1.2 时钟边沿控制的触发器

为了提高触发器准时响应的可靠性，人们又设计出了时钟边沿控制的触发器。这种触发器当输入信号准备就绪后，要等待时钟信号的上升沿（由 0 跳变到 1 的瞬时，记为 ⌐）或者下降沿（由 1 跳变到 0 的瞬时，记为 ⌐）到达的瞬间才能导致触发器响应。

验证 74HC74

1. 时钟边沿控制的 D 触发器

图 4.1.9 所示是由两个时钟电平控制的 D 触发器串联而成：一个叫作主触发器，另一个叫作从触发器。主触发器的时钟为 CP，从触发器的时钟为 $\overline{CP}$。

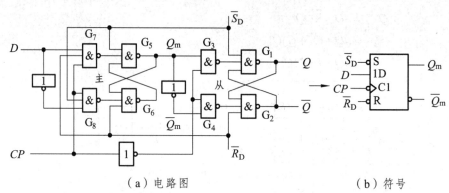

（a）电路图　　　　　　　　（b）符号

图 4.1.9　时钟边沿控制的 D 触发器的电路图及符号

1）同步输入信号 D 的作用

（1）$CP = 0$ 时，主触发器被封锁，从触发器开放。从触发器的状态决定主触发器的输出，即 $Q^{n+1} = Q_m$。输入信号 D 被拒之门外。

（2）$CP = 1$ 时，主触发器开放，从触发器被封锁。从触发器保持原来的状态不变，D 信号进入主触发器。注意这时的主触发器只跟随而不锁存，即 Q_m 跟随信号 D 的变化而改变。

（3）CP 的下降沿到达瞬时，主触发器被封锁，从触发器开放。在这一瞬时主触发器锁存 CP 下降沿时刻 D 的值，即 $Q_m = D$，随后将该值送入从触发器，使 $Q^{n+1} = Q_m = D$。

（4）CP 下降沿过后，因主触发器被封锁，其锁存的 CP 下降沿时刻 D 的值保持不变，所以从触发器的状态也不会再改变。

综上所述，得时钟边沿控制的 D 触发器的特性方程：$Q^{n+1} = D\ (CP↓)$。

2）异步输入信号 $\overline{R}_D$、$\overline{S}_D$ 的作用

当 $\overline{R}_D = 0$ 时，主触发器和从触发器直接复位到 0 状态，而且还封锁了 G_7 门，使信号 D 即使在 $CP = 1$ 的情况下也不能起作用。也就是说，无论 CP 处于什么状态，加在 $\overline{R}_D$ 端的负脉冲（⌐）均能将触发器复位到 $Q = 0$ 的状态。同理可分析 $\overline{S}_D$ 所起的作用是将触发器直接置位到 $Q = 1$ 的状态。

2. 四种时钟边沿控制的触发器

四种时钟边沿触发器的外部特性表如表 4.1.3 所示。

表 4.1.3　四种时钟边沿触发器的外部特性表

触发器	电路符号	特性表	特性方程	状态转换图
RS 触发器	S 1S C1 1R R	S R Q^{n+1} 说明 0 0 Q^n 保持 0 1 0 复位 1 0 1 置位 1 1 × 不确定	$\begin{cases} Q^{n+1} = S + \bar{R}Q^n (CP \downarrow) \\ RS = 0 \end{cases}$	$RS=\times0$　$RS=10$　$RS=0\times$ （0）（1） $RS=01$
JK 触发器	S 1J C1 1K R	J K Q^{n+1} 说明 0 0 Q^n 保持 0 1 0 复位 1 0 1 置位 1 1 $\bar{Q}^n$ 翻转	$Q^{n+1} = J\bar{Q}^n + \bar{K}Q^n (CP \downarrow)$	$JK=0\times$　$JK=1\times$　$JK=\times0$ （0）（1） $JK=\times1$
D 触发器	S 1D C1 R	D Q^{n+1} 0 0 1 1	$Q^{n+1} = D\ (CP \uparrow)$	$D=0$　$D=0$　$D=1$ （0）（1） $D=1$
T 触发器	S 1T C1 R	T Q^{n+1} 说明 0 $\bar{Q}^n$ 保持 1 $\bar{Q}^n$ 翻转	$Q^{n+1} = T \oplus Q^n\ (CP \downarrow)$	$T=0$　$T=1$　$T=0$ （0）（1） $T=1$
说明	① 输入端有小圆圈的表示低电平有效，无小圆圈的表示高电平有效。 ② S 端为异步置位端，R 端为异步复位端。 ③ 时钟输入端有小圆圈的表示下降沿有效，无小圆圈的表示上升沿有效。 ④ 输出端无小圆圈的表示 Q 端输出，有小圆圈的表示 $\bar{Q}$ 端输出。 ⑤ 时钟边沿触发器的特性方程都是瞬时成立的等式。 ⑥ 状态转换图中，箭头的起点表示初态，箭头的终点表示 CP 脉冲到达后的次态。			

【例 4.1.3】 设时钟电平（高电平有效）控制的 JK 触发器和时钟边沿（上升沿有效）控制的 JK 触发器的输入信号和时钟信号的波形均相同，试分析两种触发器的输出波形。

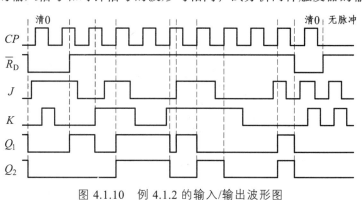

图 4.1.10　例 4.1.2 的输入/输出波形图

解： 如图 4.1.10 所示，Q_1 为时钟电平控制的 JK 触发器的输出波形，Q_2 为时钟边沿控制的 JK 触发器的输出波形。

【例 4.1.4】 用时钟边沿 D 触发器设计例 3.3.2。

解： 如图 4.1.11 所示，四户人家 A，B，C，D 要改变路灯的状态就按一次键。这些键都是常开触点，每按一次键就会产生一个负脉冲。负脉冲通过与非门输出为正脉冲（⊓），并作为 D 触发器的时钟信号。该触发器的次态方程为：$Q^{n+1} = D = \overline{Q^n}$（$CP$ ⤒）。该式表明每个时钟信号的上升沿（正脉冲的前沿）使 Q 的状态翻转一次，导致灯的状态改变一次。其中电容 C 的作用是过滤按键所引起的抖动脉冲波形。这个电路比图 3.3.2 优越，在图 3.3.2 中若 $ABCD = 1111$，就无法再改变路灯的状态了。

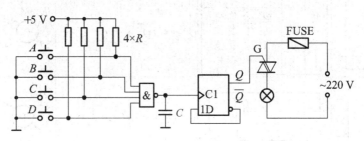

图 4.1.11　例 4.1.3 的电路图

4.1.3　各类触发器的替换

1. 用 JK 触发器代替 T 触发器

比较 JK 触发器的特性表和 T 触发器的特性表可知，只要将 JK 触发器的 J 端和 K 端并联就成了 T 触发器，如图 4.1.12 所示。

2. 用 JK 触发器代替 D 触发器

比较 JK 触发器的特性表和 D 触发器的特性表可知，只要 JK 触发器的 J 端和 K 端的输入信号互补，其功能就等价于 D 触发器，图 4.1.13 所示是时钟下降沿控制的 D 触发器。

3. 用 D 触发器代替 T 触发器

比较 D 触发器的特性方程和 T 触发器的特性方程可知，$D = T \oplus Q$。由此得时钟上升沿控制的 T 触发器，如图 4.1.14 所示。

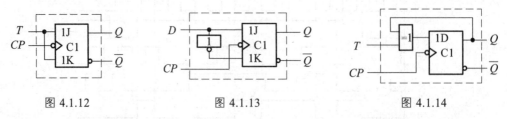

图 4.1.12　　　　　　　　图 4.1.13　　　　　　　　图 4.1.14

4. 用 D 触发器代替 JK 触发器

比较 D 触发器的特性方程和 JK 触发器的特性方程可知，$D = J\overline{Q} + \overline{K}Q = \overline{\overline{J\overline{Q}} \cdot \overline{\overline{K}Q}}$。由此得时钟上升沿控制的 JK 触发器，如图 4.1.15 所示。

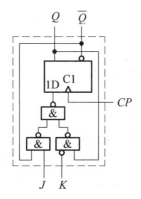

图 4.1.15　时钟上升沿控制的 JK 触发器

5. 用 RS 触发器代替 JK 触发器

因为 RS 触发器的特性方程带约束条件，所以不能套用前面的方法。建立 R，S 关于 J，K，Q 的逻辑真值表 4.1.3（见 RS 触发器的状态转换图），并根据真值表作 R 和 S 的卡诺图。

表 4.1.3　R、S 的真值表

J	K	Q	Q^{n+1}	R	S
0	0	0	0	×	0
0	0	1	1	0	×
0	1	0	0	×	0
0	1	1	0	1	0
1	0	0	1	0	1
1	0	1	1	0	×
1	1	0	1	0	1
1	1	1	0	1	0

由卡诺图（见图 4.1.16）得：$R = Q \cdot K$，$S = \overline{Q} \cdot J$。由 R 和 S 的逻辑函数式得时钟下降沿控制的 JK 触发器，如图 4.1.17 所示。

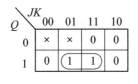

（a）R 的卡诺图

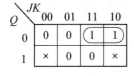

（b）S 的卡诺图

图 4.1.16　R 和 S 的卡诺图

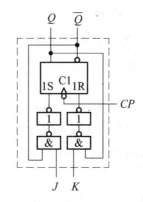

图 4.1.17　RS 触发器代替 JK 触器

4.2 同步时序逻辑电路

4.2.1 同步时序逻辑电路的分析

1. 时序逻辑电路的基本结构

图 4.2.1 所示是时序逻辑电路的基本结构框图，其特点是电路中含存储电路，且有反馈信号送回到输入端，而电路的输出是由原始输入信号和存储电路反馈的状态共同决定的。

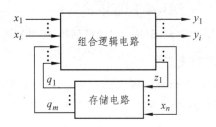

图 4.2.1 时序逻辑电路框图

图 4.2.1 中 $X(x_1, x_2, \cdots, x_i)$ 是组合逻辑电路的输入信号，$Y(y_1, y_2, \cdots, y_j)$ 是整个电路的输出信号，$Z(z_1, z_2, \cdots, z_n)$ 是存储电路的输入信号，$Q(q_1, q_2, \cdots, q_m)$ 是存储电路的输出信号。由这些信号可以建立时序逻辑电路的三种方程。

（1）驱动方程：电路中各个触发器输入端的逻辑函数式，即

$$Z(t_n) = f[X(t_n), Q(t_n)] \tag{4.2.1}$$

（2）状态方程：将驱动方程带入各个触发器的特性方程所得逻辑函数式，即

$$Q(t_{n+1}) = g[Z(t_n), Q(t_n)] \tag{4.2.2}$$

（3）输出方程：时序逻辑电路输出端的逻辑函数式，即

$$Y(t_n) = h[X(t_n), Q(t_n)] \tag{4.2.3}$$

这里的 t_n 和 t_{n+1} 表示相邻的两个离散时间。

2. 同步时序逻辑电路的分析方法

同步时序逻辑电路的特点是时钟信号同时打入电路中各个触发器的 CP 端。同步时序逻辑电路的分析方法：

（1）由给定电路列出驱动方程和输出方程；

（2）将驱动方程代入触发器的特性方程得到状态方程；

（3）由状态方程和输出方程列给定电路的状态表、状态转换图或时序（波形）图；

（4）分析状态表、状态转换图或时序图确定该电路的功能。

3. 同步时序逻辑电路分析举例

【例 4.2.1】试分析图 4.2.2 所示电路的功能。

解： 图 4.2.2 中有三个 JK 触发器 F_1，F_2，F_3，其中 F_2 和 F_3 的 J 端是两个信号相与输入。

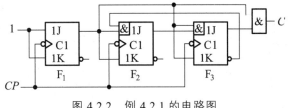

图 4.2.2　例 4.2.1 的电路图

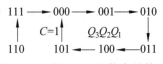

图 4.2.3　例 4.2.1 的状态转换图

（1）根据电路列驱动方程和输出方程

$$
\left.
\begin{array}{ll}
J_1 = 1 & K_1 = 1 \\
J_2 = Q_1\bar{Q}_3 & K_2 = Q_1 \\
J_3 = Q_1Q_2 & K_3 = Q_1
\end{array}
\right\}
\tag{4.2.4}
$$

$$
C = Q_1Q_3
\tag{4.2.5}
$$

（2）将式（4.2.4）代入 JK 触发器的特性方程可得状态方程式（4.2.5）。为方便书写起见，本书有时用 Q 表示触发器的初态，用 Q^1 表示触发器在一个时钟触发下的次态。

$$
\left.
\begin{array}{l}
Q_1^1 = J_1\bar{Q}_1 + \bar{K}_1Q_1 = \bar{Q}_1 \\
Q_2^1 = J_2\bar{Q}_2 + \bar{K}_2Q_2 = Q_1\bar{Q}_2\bar{Q}_3 + \bar{Q}_1Q_2 \\
Q_3^1 = J_3\bar{Q}_3 + \bar{K}_3Q_3 = Q_1Q_2\bar{Q}_3 + \bar{Q}_1Q_3
\end{array}
\right\} \ (CP\downarrow)
\tag{4.2.6}
$$

（3）根据式（4.2.5）和式（4.2.6）列状态表：设 CP 的下降沿还未送来前（在表 4.2.1 中用"\"表示）电路的原始状态为 $Q_3Q_2Q_1 = 000$，经过 6 个时钟电路的状态又变回到原始状态。注意表中的上一行是它下一行的初态，将上一行的值代入式（4.2.6）即可求得下一行的值（即次态）。

表 4.2.1　例 4.2.1 的状态表

$CP\downarrow$	Q_3	Q_2	Q_1	C
\	0	0	0	0
1	0	0	1	0
2	0	1	0	0
3	0	1	1	0
4	1	0	0	0
5	1	0	1	1
6	0	0	0	0

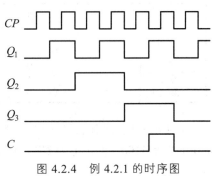

图 4.2.4　例 4.2.1 的时序图

（4）若电路的初态 $Q_3Q_2Q_1 = 110$，经过一个时钟电路的状态变为 $Q_3Q_2Q_1 = 111$，再经过一个时钟电路的状态变为 $Q_3Q_2Q_1 = 000$，以后电路的状态进入循环变化，其状态转换如图 4.2.3 所示。从状态转换图可知，这是一个同步六进制加 1 计数器的电路。其中 CP 为计数脉冲，即每个 CP 的下降沿使计数器的值加 1。经过六个时钟计数器完成一次计数循环，并产生一个进位脉冲 C。该电路还具有自启动能力，即电路的原始状态为任意值都能进入循环计数。

（5）设电路的初态 $Q_3Q_2Q_1 = 000$，其时序图如图 4.2.4 所示。从该图可知触发器 F_1 的输出 Q_1 是 CP 信号的 2 分频，如果 n 个触发器串联，则可获得 CP 信号的 2^n 分频。另外，进位信号 C 是 CP 信号的 6 分频。

【例 4.2.2】试分析图 4.2.5 所示电路的功能。

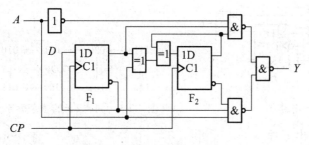

图 4.2.5　例 4.2.2 的电路图

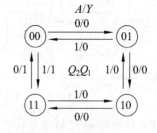

图 4.2.6　例 4.2.2 的状态转换图

解:(1)驱动方程和输出方程

$$\left.\begin{array}{l} D_1 = \overline{Q}_1 \\ D_2 = A \oplus Q_1 \oplus Q_2 \end{array}\right\} \tag{4.2.7}$$

$$Y = \overline{\overline{\overline{A}Q_1Q_2} \cdot \overline{A\overline{Q}_1\overline{Q}_2}} = \overline{A}Q_1Q_2 + A\overline{Q}_1\overline{Q}_2 \tag{4.2.8}$$

(2)状态方程

$$\left.\begin{array}{l} Q_1^1 = D_1 = \overline{Q}_1 \\ Q_2^1 = D_2 = A \oplus Q_1 \oplus Q_2 \end{array}\right\} (CP\text{↑}) \tag{4.2.9}$$

(3)状态表如表 4.2.2 所示,状态转换图如图 4.2.6 所示。从状态转换图可知该电路是一个四进制可逆计数器,当 $A = 0$ 时做加 1 计数,如图 4.2.6 的顺时针循环;当 $A = 1$ 时做减 1 计数,如图 4.2.6 的逆时针循环。其中 Y 是进/借位输出信号。

表 4.2.2　例 4.2.2 的状态表

A	CP↑	Q_2	Q_1	Y	A	CP↑	Q_2	Q_1	Y
0	\	0	0	0	1	\	0	0	1
0	1	0	1	0	1	1	1	1	0
0	2	1	0	0	1	2	1	0	0
0	3	1	1	1	1	3	0	1	0
0	4	0	0	0	1	4	0	0	0

【例 4.2.3】 试分析图 4.2.7 所示电路。设电路初始状态 $Q_2Q_1 = 00$,输入序列 $X = 010011101011100$,X 在每个 $CP = 0$ 时跳变。做出电路的状态转换图和输出响应波形,说明电路的功能。

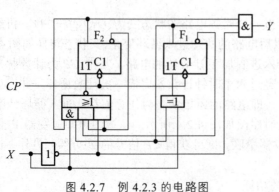

图 4.2.7　例 4.2.3 的电路图

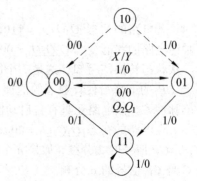

图 4.2.8　例 4.2.3 的状态转换图

解：（1）驱动方程和输出方程

$$T_2 = \overline{\overline{X}\overline{Q_2} + \overline{Q_1}\overline{Q_2} + XQ_1Q_2} = \overline{X}Q_2 + \overline{Q_1}Q_2 + XQ_1\overline{Q_2}（用卡诺图化简）$$

$$T_1 = X \oplus Q_1$$

$$Y = \overline{X}Q_2Q_1 \tag{4.2.10}$$

（2）状态方程

$$Q_2^1 = T_2 \oplus Q_2 = \overline{T}_2Q_2 + T_2\overline{Q}_2$$

$$= (\overline{X}\overline{Q_2} + \overline{Q_1}\overline{Q_2} + XQ_1Q_2)Q_2 + (\overline{X}Q_2 + \overline{Q_1}Q_2 + XQ_1\overline{Q_2})\overline{Q}_2$$

$$= XQ_1Q_2 + XQ_1\overline{Q}_2$$

$$= XQ_1$$

$$\left. Q_1^1 = T_1 \oplus Q_1 = X \oplus Q_1 \oplus Q_1 = X \right\} \quad CP\downarrow \tag{4.2.11}$$

（3）请读者自己列出状态表，状态转换图如图 4.2.8 所示，输出对输入的响应波形如图 4.2.9 所示。

（4）由图 4.2.9 可知，当输入序列中出现"110"序列时，电路产生一个输出信号 $Y = 1$，其余情况 Y 保持为 0。即该电路是一个"110"序列检测器。此外，从图 4.2.8 可知，该电路有一个无效状态 $Q_2Q_1 = 10$，但不存在挂起现象或产生错误输出，电路具有自启动能力。

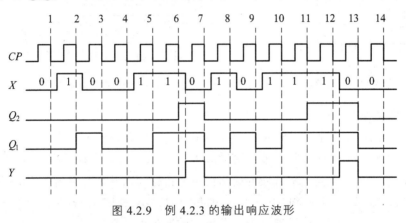

图 4.2.9　例 4.2.3 的输出响应波形

4. 时序逻辑电路的结构模型

按照电路的输出信号关于输入变量及状态变量的函数关系，时序逻辑电路有两种结构模型。

（1）Moore 模型：电路的输出信号仅为状态变量的函数，即

$$Y(t_n) = h[Q(t_n)] \tag{4.2.12}$$

（2）Mealy 模型：电路的输出信号是关于输入变量及状态变量的函数，即式（4.2.3）。显然图 4.2.2 是 Moore 型电路，图 4.2.5 和图 4.2.7 是 Mealy 型电路。

4.2.2　寄存器

寄存器是计算机中重要的存储部件，特别是在计算机的 CPU 内部，集成了许多不同功用

的寄存器。n 位寄存器由 n 个触发器组成。

1. 数据锁存器（寄存器）

1）8D 锁存器 74LS374/74LS373

用 74LS273
驱动数码管

图 4.2.10 所示是上升沿触发的数据锁存器 74LS374，当 CP ⌐ 时 D 端数据置入锁存器。$\overline{OE}$ 为输出使能端，当 $\overline{OE}=0$ 时锁存数据输出，当 $\overline{OE}=1$ 时锁存器输出呈高阻状态。74LS373 与 74LS374 的基本结构相同，有一点区别就是 74LS373 是电平触发的数据锁存器，当 $CP=1$ 时 D 端数据置入锁存器。

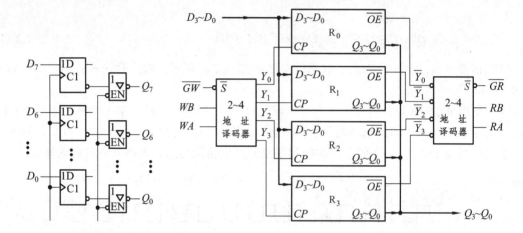

图 4.2.10 74LS374 的电路图   图 4.2.11 74LS670 的电路原理图

2）4×4 寄存器组 74LS670

74LS670 是由四个电平触发的 4 位寄存器组成，其电路原理图如图 4.2.11 所示。$\overline{GW}$ 为写选通信号，WB，WA 为两位写地址，用来选择 $R_0 \sim R_3$ 中的某个寄存器。当 $\overline{GW}=0$ 时，两位写地址译码后产生一个高电平有效的输出信号使数据写入某个寄存器；$\overline{GR}$ 为读选通信号，RB，RA 为两位读地址，用来选择 $R_0 \sim R_3$ 中的某个寄存器。当 $\overline{GR}=0$ 时，两位读地址译码后产生一个低电平有效的输出信号使某个寄存器的数据输出。

【阅读】CPU 中通用寄存器及其数据传输*

在 CPU 内部集成了许多通用寄存器供程序设计，以便程序运行时大量减少存储器的访问而提高效率。这些寄存器类似于 74LS374，挂接在 CPU 内部总线上，如图 4.2.12 所示。但逻辑上并非与 BUS 真正连接，因为当输出使能信号无效（$OE=0$）时寄存器与 BUS 是被高阻隔离的。图 4.2.12 中的输出使能信号和时钟信号都是由 CPU 内部的控制器提供的，这些信号统称为微操作，高电平有效，通常这些信号处于低电平而无效。

例如：$R_1 \to B$ 是指读 R_1 寄存器；$B \to R_3$ 是指写 R_3 寄存器。若要执行（R_1）$\to R_3$，即寄存器 R_1 的数据送 R_3，则控制器发出的时序如图 4.2.12 右所示。执行（R_1）$\to R_3$ 时控制器首先发出 $R_1 \to B$，启动对寄存器 R_1 的读操作，维持一个节拍的时间。经过前半拍时间后，R_1 的数据可靠地稳定在 BUS 上了，在其后半拍控制器发出写脉冲 $B \to R_3$，其上升沿将 BUS 线上的数据写入寄存器 R_3。

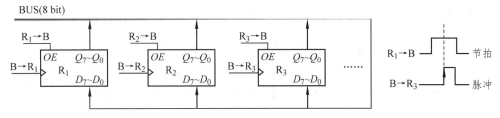

图 4.2.12　CPU 内部通用寄存器及数据传输时序

2. 移位寄存器

在计算机中，移位寄存器可用来实现数据的串行与并行转换，还可用于运算器中的乘 2（左移）和除 2（右移）运算。

图 4.2.13 所示是由 n 个 D 触发器构成的可右移的移位寄存器，各触发器的次态方程为

$$\left.\begin{array}{l} Q_i^{n+1} = D_i = Q_{i-1}(i=1,\ 2,\ \cdots,\ n-1) \\ Q_0^{n+1} = D_{\mathrm{IN}} \end{array}\right\}(\,CP\text{↑}\,) \tag{4.2.13}$$

从式（4.2.13）可知，用一个移位脉冲（CP）触发，原来移位寄存器存储的数据依次向右移动 1 位。经过 n 个移位脉冲的触发，从 D_{IN} 端输入的 n 位串行数据置入移位寄存器，而原来移位寄存器存储的 n 位数据已从 D_{OUT} 端送走。

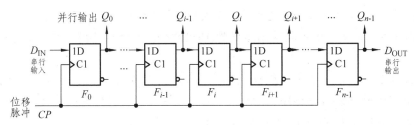

图 4.2.13　n 位移位寄存器

图 4.2.14 所示是 8 位双向移位寄存器 74LS299。其中 $\overline{R}_{\mathrm{D}}$ 为低电平有效的异步清 0（复位）端，CP 为上升沿有效的时钟输入端，$\overline{E}_1\overline{E}_2$ 为低电平有效的输出使能端，$D_7 \sim D_0$ 为并行数据输入/输出端，Q_7'、Q_0' 为串行输出端，D_{SL} 为左移输入端，D_{SR} 为右移输入端，S_1S_0 为功能选择代码。各触发器的次态方程

$$\left.\begin{array}{l} Q_i^1 = d_i = \overline{S}_1\overline{S}_0Q_i + S_1S_0D_i + \overline{S}_1S_0Q_{i+1} + S_1\overline{S}_0Q_{i-1}(i=1,\ 2,\ \cdots,\ 6) \\ Q_0^1 = d_0 = \overline{S}_1\overline{S}_0Q_0 + S_1S_0D_0 + \overline{S}_1S_0Q_1 + S_1\overline{S}_0D_{\mathrm{SL}} \\ Q_7^1 = d_7 = \overline{S}_1\overline{S}_0Q_7 + S_1S_0D_7 + \overline{S}_1S_0D_{\mathrm{SR}} + S_1\overline{S}_0Q_6 \end{array}\right\}(\,CP\text{↑}\,) \tag{4.2.14}$$

从（4.2.14）式可知，在一个 CP 脉冲触发下，当 $S_1S_0 = 00$ 时，$Q_i^1 = Q_i$（$i=0,\ 1,\ \cdots,\ 7$），寄存器状态保持；当 $S_1S_0 = 10$ 时，$Q_i^1 = Q_{i-1}$（$i=1,\ 2,\ \cdots,\ 7$），$Q_0^1 = D_{\mathrm{SL}}$，寄存器左移；当 $S_1S_0 = 01$ 时，$Q_i^1 = Q_{i+1}$（$i=0,\ 1,\ \cdots,\ 6$），$Q_7^1 = D_{SR}$，寄存器右移；当 $S_1S_0 = 11$ 时，$Q_i^1 = D_i$（$i=0,\ 1,\ \cdots,\ 7$），将并行数据置入寄存器，并且此时输出三态门被阻断，禁止寄存器数据输出。

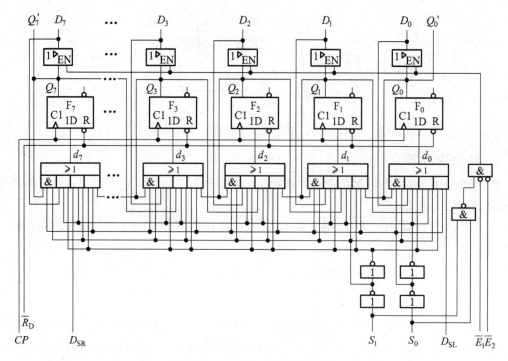

图 4.2.14　74LS299 的电路图

【例 4.2.4】用移位寄存器 74LS299、八输入与非门 74LS30 和六反相器 74LS04 设计一个 8 位串行数据序列检测器，被检测数据序列为 10110010。若检测到该序列则检测标志 F 置 1，否则为 0。

解：如图 4.2.15 所示，$F = D_7 \overline{D_6} D_5 D_4 \overline{D_3} \overline{D_2} D_1 \overline{D_0}$。串行数据从 D_{SL} 输入，因 $S_1 S_0 = 10$，所以每一个数据接收脉冲使寄存器中的数据左移 1 位，并将 1 位串行数据从寄存器的低位置入。只有当寄存器中存储的数据为 10110010 时 F 才为 1，否则 $F = 0$。

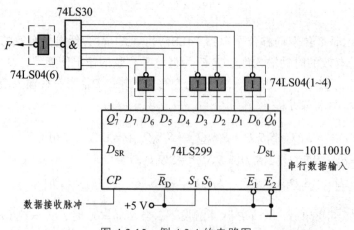

图 4.2.15　例 4.2.4 的电路图

【说明】（1）在计算机同步串行通信中，被传输的数据块前要加上同步字，同步字是通信双方约定的数据序列。当接受方的序列检测器接收到同步字后，即检测标志 F 为 1 时，接收方才会接收同步字之后的数据块。

（2）一般单片机的 ALU 由加法器、函数发生器和移位寄存器组成。加法器实现加减法运算，函数发生器实现逻辑运算。而移位寄存器既可实现移位运算也可与加法器结合组成乘除法电路，所以 ALU 能实现四则算术运算。但是到目前为止，硬件上还没有实现乘方与开方运算，这两种运算都是通过编程实现的。

4.2.3 计数器

计数器是另一种形式的寄存器，若计数脉冲是周期信号，那么计数器就可以用来作定时器。

1. 同步计数器

1）同步加 1 计数器

设由 n 个 T 触发器构成的 n 位计数器的状态为 $Q_{n-1}\cdots Q_i Q_{i-1}\cdots Q_1 Q_0$，每个计数脉冲的下降沿使计数器的值加 1，那么每个计数脉冲的下降沿使 Q_0 翻转一次，因此最低位的 T 触发器的输入端 T_0 应始终保持为 1。又因第 i 位以上各位的状态不会影响第 i 位，所以可列出同步加 1 计数器的第 i 位状态的变化情况表，如表 4.2.3 所示。

表 4.2.3 T_i 与 $Q_{i-1}\cdots Q_1 Q_0$ 的逻辑关系

$CP\downarrow$ 到达前的初态 $Q_{i-1}\cdots Q_1 Q_0$	每个 $CP\downarrow$ 使计数器加 1，加 1 后第 i 位的次态 Q_i^1	第 i 位触发器的输入端 T_i	说 明
$0\cdots 00$	Q_i	0	
$0\cdots 01$	Q_i	0	加 1 不会产生向第 i 位的进位，
$\vdots$	$\vdots$	$\vdots$	所以此时 $T_i=0$
$1\cdots 10$	Q_i	0	
$1\cdots 11$	$\overline{Q_i}$	1	加 1 产生向第 i 位的进位，使第 i 位翻转，所以此时 $T_i=1$

将 T_i 视为 $Q_{i-1}\cdots Q_1 Q_0$ 的函数，由表 4.2.3 得同步加 1 计数器的驱动方程递推式为

$$\left.\begin{array}{l} T_i = Q_{i-1}\cdots Q_1 Q_0 \\ T_0 = 1 \end{array}\right\} \tag{4.2.15}$$

选择当计数器到达最大值（全 1）时产生进位信号 C，则

$$C = Q_i Q_{i-1}\cdots Q_1 Q_0 \tag{4.2.16}$$

$$\left.\begin{array}{l} T_3 = Q_2 Q_1 Q_0 \\ T_2 = Q_1 Q_0 \\ T_1 = Q_0 \\ T_0 = 1 \\ C = Q_3 Q_2 Q_1 Q_0 \end{array}\right\} \tag{4.2.17}$$

根据式（4.2.15）和式（4.2.16）得 4 位同步加 1 计数器的驱动方程和输出方程，见式（4.2.17）。并由此作 4 位同步加 1 计数器的电路，如图 4.2.16 所示，图 4.2.17 是其状态转换图。

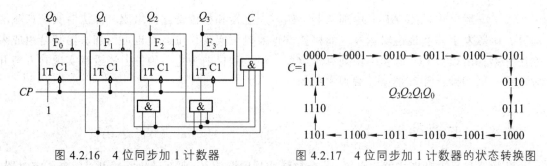

图 4.2.16　4 位同步加 1 计数器　　　　图 4.2.17　4 位同步加 1 计数器的状态转换图

2）同步减 1 计数器

参考对同步加 1 计数器的分析，可列出同步减 1 计数器的第 i 位状态的变化情况，如表 4.2.4 所示。

表 4.2.4　T_i 与 $Q_{i-1}\cdots Q_1 Q_0$ 的逻辑关系

$CP\downarrow$ 到达前的初态 $Q_{i-1}\cdots Q_1 Q_0$	每个 $CP\downarrow$ 使计数器减 1，减 1 后第 i 位的次态 Q_i^1	第 i 位触发器的输入端 T_i	说　　明
$1\ \cdots\ 1\ 1$ $1\ \cdots\ 1\ 0$ $\vdots$ $0\ \cdots\ 0\ 1$	Q_i Q_i $\vdots$ Q_i	0 0 $\vdots$ 0	减 1 不会产生向第 i 位的借位，所以此时 $T_i=0$
$0\ \cdots\ 0\ 0$	$\overline{Q_i}$	1	减 1 产生向第 i 位的借位，使第 i 位翻转，所以此时 $T_i=1$

将 T_i 视为 $Q_{i-1}\cdots Q_1 Q_0$ 的函数，由表 4.2.4 得同步减 1 计数器的驱动方程递推式为

$$\left. \begin{array}{l} T_i = \overline{Q}_{i-1}\cdots \overline{Q}_1\overline{Q}_0 \\ T_0 = 1 \end{array} \right\} \tag{4.2.18}$$

选择当计数器到达最小值（全 0）时产生借位信号 C，则

$$C = \overline{Q}_i\overline{Q}_{i-1}\cdots \overline{Q}_1\overline{Q}_0 \tag{4.2.19}$$

根据式（4.2.18）和式（4.2.19）得 4 位同步减 1 计数器的驱动方程和输出方程，如式（4.2.20）所示，请读者画出其电路图。

$$\left. \begin{array}{l} T_3 = \overline{Q}_2\overline{Q}_1\overline{Q}_0 \\ T_2 = \overline{Q}_1\overline{Q}_0 \\ T_1 = \overline{Q}_0 \\ T_0 = 1 \\ C = \overline{Q}_3\overline{Q}_2\overline{Q}_1\overline{Q}_0 \end{array} \right\} \tag{4.2.20}$$

3）同步可逆计数器

将式（4.2.15）和式（4.2.18）组合，式（4.2.16）和式（4.2.19）组合得同步可逆计数器

的驱动方程递推式和输出方程

$$
\left.
\begin{aligned}
T_i &= \bar{M} \cdot Q_{i-1} \cdots Q_1 Q_0 + M \cdot \bar{Q}_{i-1} \cdots \bar{Q}_1 \bar{Q}_0 \\
T_0 &= 1 \\
C &= \bar{M} \cdot Q_i Q_{i-1} \cdots Q_1 Q_0 + M \cdot \bar{Q}_i \bar{Q}_{i-1} \cdots \bar{Q}_1 \bar{Q}_0
\end{aligned}
\right\}
\qquad（4.2.21）
$$

根据式（4.2.21）作 4 位可逆计数器的电路，如图 4.2.18 所示。M 为加减控制端，当 $M=0$ 时加 1 计数，当 $M=1$ 时减 1 计数，$\bar{R}_D$ 为异步清零端。

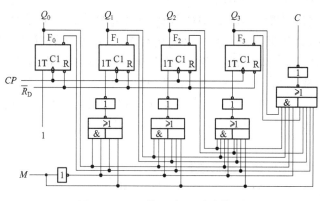

图 4.2.18　4 位同步可逆计数器

【说明】解读递推式有助于理解和记忆。（4.2.15）式的含义是：对于同步加 1 计数器，当第 i 位以下全 1 时，送来一个计数脉冲将使第 i 位翻转，所以此时 $T_i=1$；（4.2.18）式的含义是：对于同步减 1 计数器当第 i 位以下全 0 时，送来一个计数脉冲将使第 i 位翻转，所以此时 $T_i=1$。

2. 几种 MSI 计数器芯片

弄清了计数器的基本原理后，在使用具体的 MSI 计数器芯片时，我们关注的是芯片外部特性——引脚功能，百度搜索可获得相关数据。下面介绍的 74LS 系列是由 TTL 门电路集成的芯片，CC40 系列是由 CMOS 门电路集成的芯片。

1）4 位同步加 1 计数器 74LS161/CC40161

74LS161/CC40161 的引出端有：并行数据输入端 $D_3 D_2 D_1 D_0$，时钟输入端 CP 上升沿有效，异步清零输入端 $\bar{R}_D$ 低电平有效，同步并行数据置入控制端 $\overline{LD}$ 低电平有效，计数控制端 CT_1 和 CT_2 同时为高电平有效，并行数据输出端 $Q_3 Q_2 Q_1 Q_0$，进位输出端 C（当 $Q_3 Q_2 Q_1 Q_0 = 1111$ 时，$C=1$）。

2）十进制同步加 1 计数器 74LS160/CC40160

74LS160/CC40160 引出端的定义与 74LS161 引出端的定义基本相同，只是 74LS160 的并行输入/输出数据为十进制数（8421BCD 码），当 $Q_3 Q_2 Q_1 Q_0 = 1001$ 时，进位输出端 $C=1$。

3）4 位同步可逆计数器 74LS191

74LS191 的引出端有：并行数据输入端 $D_3 D_2 D_1 D_0$，时钟输入端 CP 上升沿有效，异步并行数据置入控制端 $\overline{LD}$ 低电平有效，计数控制端 CT 高电平有效，加/减计数方式控制端

$D/\bar{U}$ 高电平加 1 计数低电平减 1 计数，并行数据输出端 $Q_3Q_2Q_1Q_0$，进/借位输出端 C/B（加 1 计数时，$Q_3Q_2Q_1Q_0 = 1111$ 使 $C/B = 1$；减 1 计数时，$Q_3Q_2Q_1Q_0 = 0000$ 使 $C/B = 1$）。

4）十进制同步可逆计数器 74LS190

74LS190 引出端的定义与 74LS191 引出端的定义基本相同，只是 74LS190 的并行输入/输出数据为十进制数（8421BCD 码）。加 1 计数时，$Q_3Q_2Q_1Q_0 = 1001$ 使 $C/B = 1$；减 1 计数时，$Q_3Q_2Q_1Q_0 = 0000$ 使 $C/B = 1$。

5）十进制计数-译码器 CC4017

CC4017 由十进制计数器和 4～10 译码器两部分电路组成，十进制计数器输出的 8421BCD 码经 4～10 译码器译码，高电平输出有效。CC4017 的引出端有：时钟输入端 CP 上升沿有效，异步清零输入端 CR 高电平有效，禁止计数输入端 INH 高电平禁止计数低电平允许计数，译码输出端 $Y_0 \sim Y_9$：计数器为 0 时，$Y_0 = 1$；经过 1 个 CP 时钟，$Y_1 = 1$；经过 2 个 CP 时钟，$Y_2 = 1 \cdots\cdots$；经过 9 个 CP 时钟，$Y_9 = 1$；经过 10 个 CP 时钟，$Y_0 = 1$，进位输出端 CO（第 0 个至第 4 个 CP 时钟时为高电平，第 5 个至第 9 个 CP 时钟时为低电平.）。

【阅读】计数器芯片控制信号的形成*

1. 计数控制端

计数控制端与时钟输入端的逻辑关系如图 4.2.19 所示。

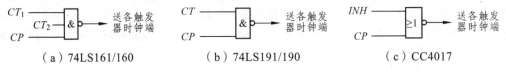

（a）74LS161/160　　　（b）74LS191/190　　　（c）CC4017

图 4.2.19　计数控制端与时钟输入端的逻辑关系

2. 置数控制端

如图 4.2.20 所示，同步置数是指数据从同步触发端置入，即数据是从 J/K 端置入的。此时 JK 触发器的特性方程在时钟下降沿到达的瞬时成立；而异步置数是指数据从异步触发端 $\bar{R}_D / \bar{S}_D$ 置入，与时钟信号无关。

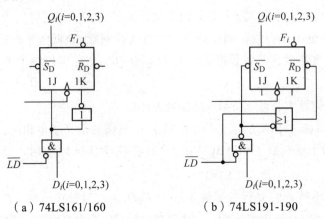

（a）74LS161/160　　　　（b）74LS191-190

图 4.2.20　置数控制端与数据输入端的逻辑关系

【例 4.2.5】设计一个简单的电子密码锁电路。

解： 如图 4.2.21 所示，按一下 K_2 键产生一个负脉冲使两片 74LS161 清零后就可以输入密码，连续按 K_3（或 K_4）键 n 次即输入数字 n，两位密码输入后将确认键 K_1 闭合。一旦 K_1 键闭合则数据比较器 74LS520 被允许，电路设置的密码 $A_7 \sim A_0$（0110 1101）与 74LS161 送来的代码 $B_7 \sim B_0$ 进行比较，若相等则 $Y_{A=B}$ 输出高电平将报警脉冲封锁，该信号经驱动门 74LS07 输出使开锁继电器动作而将锁打开；否则输出低电平导致报警脉冲通过或非门送蜂鸣器发声，而且该信号为低电平不能使开锁继电器动作。

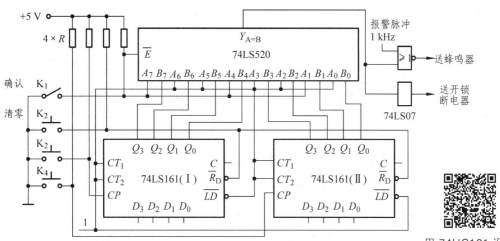

图 4.2.21　例 4.2.5 的电路图

用 74HC161 设计
任意进制计数器
之自动脉冲源

3. 任意进制计数器的构成方法

用前面介绍的 MSI 芯片可以构成任意进制的计数器电路。常用的方法有暂态复位法、暂态置数法以及同步置数法等。其中以同步置数法的可靠性最高，暂态复位法和暂态置数法适用于计数频率不是非常高的情况。

手动脉冲源

1）暂态复位法

对于 N 进制计数器，当计数器计数到 N 时，状态输出信号的逻辑组合产生一个有效电平打入计数器的异步清零端，迫使计数器立即清零。而状态 N 瞬时出现即消失，所以称 N 是一个暂态。

设计 3~12
循环计数器

【例 4.2.6】用 74LS161 构成一个九进制加 1 计数器电路。

解： 图 4.2.22 采用的是暂态复位法。当 74LS161 计数到 $Q_3Q_2Q_1Q_0 = 1001$ 时，与非门输出的低电平打入 $\overline{R_D}$ 端，立即将 74LS161 清 0，所以 $Q_3Q_2Q_1Q_0 = 1001$ 是一个暂态。另外可以直接用 Q_3 作为进位信号。

4 位计数器

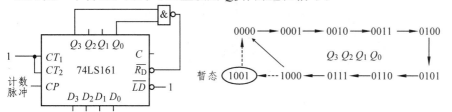

图 4.2.22　例 4.2.6 的电路和状态转换图

2）暂态置数法

对于 N 进制计数器，当计数器计数到 N 时，状态输出信号的逻辑组合产生一个有效电平打入计数器的异步置数端，立即给计数器置入一个数据，使计数器从该数值开始计数。同样的，N 是一个暂态。

【例 4.2.7】用 74LS191 构成一个九进制加 1 计数器电路。

解：图 4.2.23 采用的是暂态置数法。74LS191 的 $D/\overline{U}$ 端接高电平使其只能加 1 计数。当 74LS191 计数到 $Q_3Q_2Q_1Q_0$ =1001 时，与非门输出的低电平打入 74LS191 的异步置数端 $\overline{LD}$，立即将数据 $D_3D_2D_1D_0$ =0000 置入 74LS191，所以 $Q_3Q_2Q_1Q_0$ =1001 是一个暂态。该电路的状态转换图与例 4.2.6 的状态转换图完全一样。

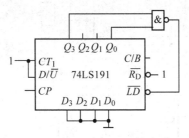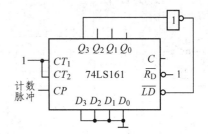

图 4.2.23　例 4.2.7 的电路　　　　图 4.2.24　例 4.2.8 的电路

3）同步置数法

对于 N 进制计数器，当计数器计数到 $N-1$ 时，状态输出信号的逻辑组合产生一个有效电平打入计数器的同步置数端，等到下一个计数脉冲到达时才会给计数器置入数据。此方法不会出现暂态。

【例 4.2.8】用 74LS161 构成一个九进制加 1 计数器电路。

解：图 4.2.24 采用的是同步置数法。当 74LS161 计数到 $Q_3Q_2Q_1Q_0$ =1000 时，非门输出的低电平打入 74LS161 的同步置数端 $\overline{LD}$（注意与 74LS191 的区别），数据 $D_3D_2D_1D_0$ =0000 要等到下一个计数脉冲到达时才能置入 74LS161，所以不会出现暂态。其状态转换为：0000→0001→0010→0011→0100→0101→0110→0111→1000→0000。直接用 Q_3 作为进位信号。

【例 4.2.9】用 74LS161 构成一个模为 10 的计数器，使其从 3 到 12 循环计数。

解：图 4.2.25 采用的是同步置数法。当 74LS161 计数到 $Q_3Q_2Q_1Q_0$ =1100 时非门输出的低电平打入 74LS161 的同步置数端 $\overline{LD}$，数据 $D_3D_2D_1D_0$ =0011 要等到下一个计数脉冲到达时才能置入 74LS161。其状态转换为：0011→0100→0101→0110→0111→1000→1001→1010→1011→1100→0011。Y 为进位信号。

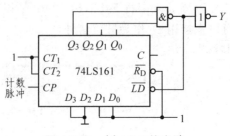

图 4.2.25　例 4.2.9 的电路

【例 4.2.10】用 74LS191 构成一个八进制可逆计数器电路，不需要进借位信号。

解：图 4.2.26 采用的是暂态置数法。加 1 计数时 $Q_3Q_2Q_1Q_0 = 1000$ 为暂态，此时给计数器置入数据为 0000；减 1 计数时 $Q_3Q_2Q_1Q_0 = 1111$ 为暂态，此时给计数器置入数据为 0111。

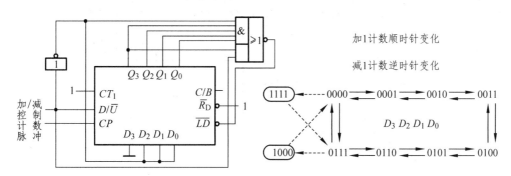

图 4.2.26　例 4.2.10 的电路图和状态转换图

【例 4.2.11】用芯片 CC40161 设计一个可控加 1 计数器，当输入信号 $X_1X_0 = 00$ 时为模 16 计数器，当输入信号 $X_1X_0 = 01$ 时为模 12 计数器，当输入信号 $X_1X_0 = 10$ 时为模 10 计数器，当输入信号 $X_1X_0 = 11$ 时为模 9 计数器。

解：因为 CC40161 计数到 1111 时产生进位信号 $C = 1$，将该信号取非送入同步置数端 $\overline{LD}$。若下一个脉冲置入的数据为 0000，则有 16 个状态循环（0000～1111）；若下一个脉冲置入的数据为 0100，则有 12 个状态循环（0100～1111）；若下一个脉冲置入的数据为 0110，则有 10 个状态循环（0110～1111）；若下一个脉冲置入的数据为 0111，则有 9 个状态循环（0111～1111）。所以建立如表 4.2.5 所示的真值表。由表 4.2.5 得函数式（4.2.22），并作电路图 4.2.27。

$$\left.\begin{array}{l} D_3 = 0 \\ D_2 = X_1 + X_0 \\ D_1 = X_1 \\ D_0 = X_1X_0 \end{array}\right\} \tag{4.2.22}$$

表 4.2.5　真值表

$X_1\ X_0$	$D_3\ D_2\ D_1\ D_0$
0　0	0　0　0　0
0　1	0　1　0　0
1　0	0　1　1　0
1　1	0　1　1　1

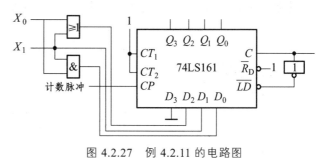

图 4.2.27　例 4.2.11 的电路图

4）芯片级联

对于 N 进制计数器，当 N 大于 MSI 芯片的模时，用 N 除以模的商为十位片的最大计数值，其余数减 1 为个位片的最大计数值。

（1）异步时钟法：用个位片的进位输出脉冲的后沿作为十位片计数的触发信号。

【例 4.2.12】用两片 74LS160 构成一个 68 进制加 1 计数器电路。

　　解：图 4.2.28 采用的是暂态复位法。因为第 Ⅰ 片 74LS160 计数循环一周才产生一个进位脉冲 C，使第 Ⅱ 片 74LS160 计数一次，所以第 Ⅱ 片的输出为十位数，第 Ⅰ 片的输出为个位数。当 $Q_3Q_2Q_1Q_0(Ⅱ)Q_3Q_2Q_1Q_0(Ⅰ) = 0110\ 1000$ 时，与非门输出的低电平打入两片 74LS160 的 $\overline{R}_D$ 端，使两片 74LS160 同时清 0，即 $Q_3Q_2Q_1Q_0(Ⅱ)Q_3Q_2Q_1Q_0(Ⅰ) = 0110\ 1000$ 是一个暂态。

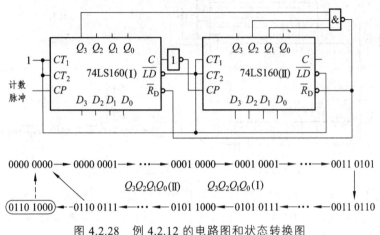

图 4.2.28　例 4.2.12 的电路图和状态转换图

　　【说明】为什么个位片的进位输出 C 要取非后送入十位片的 CP 端呢？如果没有这个非门，那么十位片的计数发生在个位片进位输出 C 脉冲的前沿（ꜚ）。若初态 $Q_3Q_2Q_1Q_0(Ⅱ)$ $Q_3Q_2Q_1Q_0(Ⅰ) = 0101\ 1000$，个位片 C ꜚ 出现的瞬时，正是 $Q_3Q_2Q_1Q_0(Ⅰ)$ 由 1000 变为 1001，同时十位片计数，$Q_3Q_2Q_1Q_0(Ⅱ)$ 由 0101 变为 0110，这样整个电路就提前回到全 0。有了这个非门，十位片的计数发生在个位片进位输出 C 脉冲的后沿（ꜜ）。当该后沿出现的瞬时，正是 $Q_3Q_2Q_1Q_0(Ⅰ)$ 由 1001 变为 0000，此时触发十位片计数才不会导致整个电路计数出错。上述分析使我们认识到在时序逻辑电路中对时钟边沿触发信号的要求之精准，可见一斑。

　　（2）同步时钟法：将两块芯片的 CP 并联作为计数脉冲的输入端，用个位片的进位输出信号作为十位片的计数控制信号。同步时钟法比异步时钟法优越，因为少用一个非门。

　　【例 4.2.13】 设计一个定时 3 分钟的引爆器（电子定时炸弹的原理）。

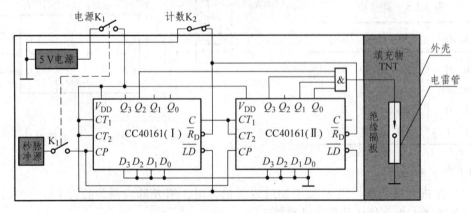

图 4.2.29　例 4.2.13 的电路图

　　解：用秒脉冲（每秒钟一个脉冲）作为定时器的计数脉冲，将该定时器设计为 180 进制的计数器，用两片 CC40161 实现，CC40161 的工作电压可达 15 V。如图 4.2.29 所示，当 K₁

闭合然后 K_2 断开时，定时器开始计数，当计数到 $180 = 10110100B$ 这个值时与门产生 15 V 的电压输出，该电压会持续 4 秒钟（为什么？请读者分析）。这个电压加在电雷管的一对电极上产生火花放电，火花点燃电雷管内部的易燃物质而爆炸，爆炸产生的局部高温将黄色炸药 TNT 引爆。

与图 4.2.28 不同的是，当个位片产生进位信号 $C = 1$ 时允许十位片计数，等到 $CP\!\!\int$ 到达的瞬时，个位片和十位片同时改变状态，个位片变为 0000，十位片加 1。

【说明】恐怖主义是全人类共同的敌人，为了反恐我们应该懂得电子定时炸弹的原理。当遇到险情时，我们可以通过切除电子定时炸弹的电源或脉冲信号源，甚至采用注水使定时器电路短路等方法及时排除险情。

4.2.4　节拍发生器

节拍发生器提供单片机的多级时序，即时钟（亦称脉冲）、节拍和机器周期三级时序。单片机主频的倒数为一个时钟，这个时间至少应保证触发器可靠地翻转；一个节拍含两个时钟，将节拍分为前半拍和后半拍；一个机器周期含若干个节拍，常将 CPU 取指令所需时间定义为取指周期，CPU 执行指令所需时间定义为执行周期。节拍和机器周期均高电平有效。

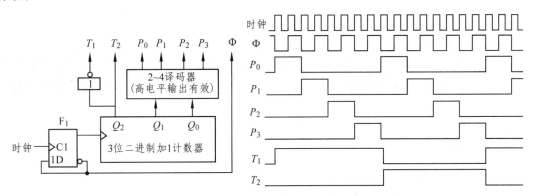

图 4.2.30　节拍发生器及其三级时序图

图 4.2.30 是具有取指周期 T_1 和执行周期 T_2 的节拍发生器，每个机器周期含 4 个节拍，每个节拍含两个时钟。参见图 4.2.12，若要在 P_2 拍完成（R_1）→R_3，则控制器发出 R_1→B 信号和 P_2 信号相与，B→R_3 信号和脉冲 Φ 相与。即保证读寄存器 R_1 的微操作维持一个节拍，在此节拍的后半拍启动写寄存器 R_3 的微操作。

【说明】51 系列单片机的一个机器周期含 6 个节拍（亦称状态），每个节拍含两个时钟，即一个机器周期含 12 个时钟。若 51 系列单片机的主频为 12MHz，则其机器周期为 1μs。

【阅读】单片机 C 语言编程的小技巧*

因为单片机内部的那些通用寄存器兼具可逆计数和左右移位的功能，在单片机 C 语言程序编译时，定义的 int 型或 char 型变量会通过编译软件分配给某个通用寄存器。所以表 4.2.6 左右两边的语句虽然完成的运算是相同的，但是执行的效率却相差较大。作为单片机应用开发者，要编写实时高效的应用程序就应当注意这些细节。

表 4.2.6　C 语言高低效语句对照表

高效语句	对应 C51 的机器指令	执行	低效语句	对应 C51 的机器指令	执行
$i++;$ $i--;$	INC　Rn DEC　Rn	不通过 ALU 运算，只需一个触发脉冲完成加/减 1	$i=i+1;$ $i=i-1;$	ADD A，#1 SUBB A，#1	通过 ALU 进行加/减法运算，需 1 个机器周期
$i<<=1;$ $i>>=1;$	RL　A RR　A	不通过 ALU 运算，只需一个触发脉冲完成左/右移位	$i=i*2;$ $i=i/2;$	MUL　AB DIV　AB	通过 ALU 进行乘/除法运算，需要 4 个机器周期

4.3　异步时序逻辑电路

异步时序逻辑电路的特点是时钟信号不是同时打入电路中各个触发器的 CP 端，其初级触发器的时钟频率不能很高，否则次级触发器来不及响应而导致整个时序电路的失调。正因为如此，异步时序电路不如同步时序电路使用得广泛。

4.3.1　异步时序电路的分析

异步时序电路的分析方法与同步时序电路基本相同，只是要注意异步时序电路的状态方程不是在同一时刻成立，故列出的异步时序电路的每一个状态方程都要清楚地加注时钟信号。

【例 4.3.1】 试分析图 4.3.1 所示电路的功能。

解　（1）驱动方程：

$$\left.\begin{aligned} J_0 &= K_0 = 1 \\ J_1 &= \bar{Q}_3 \qquad K_1 = 1 \\ J_2 &= K_2 = 1 \\ J_3 &= Q_1 Q_2 \qquad K_3 = 1 \end{aligned}\right\}$$

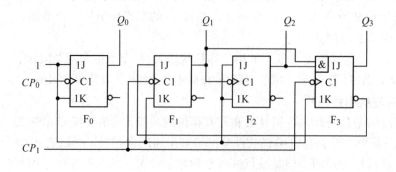

图 4.3.1　例 4.3.1 的电路图及状态表

（2）状态方程：

$$
\left.
\begin{array}{l}
① \ Q_0^1 = J_0 \overline{Q}_0 + \overline{K}_0 Q_0 = \overline{Q}_0 (CP_0 \text{↓}) \\[4pt]
② \ Q_1^1 = J_1 \overline{Q}_1 + \overline{K}_1 Q_1 = \overline{Q}_1 \overline{Q}_3 (CP_1 \text{↓}) \\[4pt]
③ \ Q_2^1 = J_2 \overline{Q}_2 + \overline{K}_2 Q_2 = \overline{Q}_2 (Q_1 \text{↓}) \\[4pt]
④ \ Q_3^1 = J_3 \overline{Q}_3 + \overline{K}_3 Q_3 = Q_1 Q_2 \overline{Q}_3 (CP_1 \text{↓})
\end{array}
\right\}
\tag{4.3.1}
$$

这个电路有两个外来时钟 CP_0 和 CP_1。因为触发器 F_0 与电路的其他部分没有联系，所以我们先分析 CP_1 对 $F_1 \sim F_3$ 的影响。

（3）状态表：设 CP 的下降沿还未送来前电路的原始状态为 $Q_3 Q_2 Q_1 = 000$，经过 1 个 CP_1↓ 由 4.3.1②式和 4.3.1④式得 $Q_1^1 = 1$，$Q_3^1 = 0$，此时 Q_1↑ 不能使 4.3.1③式成立，Q_2^1 保持为 0；经过 2 个 CP_1↓ 由 4.3.1②式和 4.3.1④式得 $Q_1^1 = 0$，$Q_3^1 = 0$，此时 Q_1↓ 使 4.3.1③式成立，Q_2^1 翻转为 1；经过 3 个 CP_1↓ 由 4.3.1②式和 4.3.1④式得 $Q_1^1 = 1$，$Q_3^1 = 0$，此时 Q_1↑ 不能使 4.3.1③式成立，Q_2^1 保持为 1；经过 4 个 CP_1↓ 由 4.3.1②式和 4.3.1④式得 $Q_1^1 = 0$，$Q_3^1 = 1$，此时 Q_1↓ 使 4.3.1③式成立，Q_2^1 翻转为 0；经过 5 个 CP_1↓ 由 4.3.1②式和 4.3.1④式得 $Q_1^1 = 0$，$Q_3^1 = 0$，此时 Q_1 保持为 0 不能使 4.3.1③式成立，Q_2^1 保持为 0。由上述分析列出状态表（见图 4.3.1），从状态表可知由 $F_1 \sim F_3$ 构成的是一个异步五进制加 1 计数器。

如果将 Q_0 与 CP_1 连接，那么 CP_1 是 CP_0 的 2 分频，即输入 10 个 CP_0 脉冲得到 5 个 CP_1 脉冲。又由 4.3.1①式知每个 CP_0 脉冲使 Q_0 翻转一次，所以由 $F_0 \sim F_3$ 构成的是一个异步十进制加 1 计数器。读者也可根据式（4.3.1）列出 $Q_3 Q_2 Q_1 Q_0$ 的状态表，验证该结论。

4.3.2　异步计数器

1. 异步加 1 计数器

设由 n 个 T 触发器构成的 n 位计数器的状态为 $Q_{n-1} \cdots Q_i Q_{i-1} \cdots Q_1 Q_0$，考虑 Q_{i-1} 对 Q_i 的影响：若初态 $Q_{i-1} = 0$，次态 $Q_{i-1} = 0$，则 Q_i 保持；若初态 $Q_{i-1} = 0$，次态 $Q_{i-1} = 1$，则 Q_i 保持；若初态 $Q_{i-1} = 1$，次态 $Q_{i-1} = 1$，则 Q_i 保持；若初态 $Q_{i-1} = 1$，次态 $Q_{i-1} = 0$，则 Q_i 翻转，即 Q_{i-1} 的下降沿导致 Q_i 翻转。

根据上述分析，异步加 1 计数器可以这样来实现：用下降沿触发的 T 触发器存储各位的状态，且 T 触发器的 T 端保持为 1，用第 $i-1$ 位触发器的输出 Q_{i-1} 作为第 i 位触发器的时钟。

2. 异步减 1 计数器

设由 n 个 T 触发器构成的 n 位计数器的状态为 $Q_{n-1} \cdots Q_i Q_{i-1} \cdots Q_1 Q_0$，考虑 Q_{i-1} 对 Q_i 的影响：若初态 $Q_{i-1} = 1$，次态 $Q_{i-1} = 1$，则 Q_i 保持；若初态 $Q_{i-1} = 1$，次态 $Q_{i-1} = 0$，则 Q_i 保持；若初态 $Q_{i-1} = 0$，次态 $Q_{i-1} = 0$，则 Q_i 保持；若初态 $Q_{i-1} = 0$，次态 $Q_{i-1} = 1$，则 Q_i 翻转，即 Q_{i-1} 的上升降沿导致 Q_i 翻转。

根据上述分析，异步减 1 计数器可以这样来实现：仍用下降沿触发的 T 触发器存储各位的状态，且 T 触发器的 T 端保持为 1，用第 $i-1$ 位触发器的输出 $\overline{Q}_{i-1}$ 作为第 i 位触发器的时钟。

3. 异步可逆计数器

将上述第 1 种情况和第 2 种情况结合，得到八进制异步可逆计数器的电路（见图 4.3.2）和加 1 计数的状态表。电路中的 $M = 0$ 进行加 1 计数，$M = 1$ 进行减 1 计数。注意表中一个状态行的各位状态不一定是同时产生的。

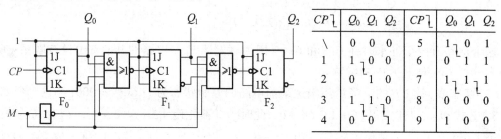

CP	Q_0	Q_1	Q_2	CP	Q_0	Q_1	Q_2
\	0	0	0	5	1	0	1
1	1	0	0	6	0	1	1
2	0	1	0	7	1	1	1
3	1	1	0	8	0	0	0
4	0	0	1	9	1	0	0

图 4.3.2　八进制异步可逆计数器的电路图和状态表

4.4　时序逻辑电路的设计

本章前面所讲述的设计方法大致可分为两类：一类是基于芯片级的时序逻辑电路设计，比如例 4.2.4～例 4.2.13；另一类是基于触发器级的时序逻辑电路设计，比如前面研究的同步计数器和异步计数器的设计。这两类方法适用于不同的目标，前者适用于具体应用设计，这种情况像搭积木一样，将若干块 MSI 芯片有机地组成一个电路系统。而后者适用于芯片开发并投入大批量生产时，这种情况必须在保证电路的逻辑功能的前提下，将电路化为最简，避免硬件冗余而增加芯片的成本。

长期以来，国内教材在时序逻辑电路这一章只就时序逻辑电路的一般设计（触发器级设计）方法进行讲述，而鲜有针对芯片级的时序逻辑电路设计的方法介绍。本书力求在这方面做点尝试。

4.4.1　基于触发器级的时序逻辑电路设计

时序逻辑电路的一般设计方法是一种基于触发器级的状态化简法，其具体设计步骤如下：

（1）将实际问题抽象为逻辑问题，根据问题的因果关系作状态表或者状态转换图。

（2）状态化简。

（3）确定触发器的数目、类型及状态编码，作状态转换的卡诺图。

（4）求状态方程、驱动方程和输出方程。

（5）根据得到的方程式作电路图。

（6）检查设计的电路能否自启动。

【例 4.4.1】 试设计三相六拍制的步进电机控制器。

【说明】步进电机是将电脉冲信号转换成角位移的一种机电转换器。它具有快速启停、精确步进的特点，被广泛用于需精确定位的位置控制系统中。例如，打印机打印头的移动、磁头沿磁盘半径方向的进动以及机器人四肢动作等都是依靠步进电机。步进电机的角位移与输入脉冲的个数成正比，其转速与输入脉冲的频率成正比，其转动方向由输入脉冲对电机绕组的加电顺序决定。正向转动的通电顺序为 A→AB→B→BC→C→CA→A，反向转动的通电顺序为 A→AC→C→CB→B→BA→A。

解：（1）将步进电机的每一拍通电看作一个状态，得到状态转换图 $S_0 \to S_1 \to S_2 \to S_3 \to S_4 \to S_5 \to S_0$。

（2）对于步进电机来说，$S_0 \sim S_5$ 的任何一个状态都不能省略，否则会导致步进电机失步。所以 $S_0 \sim S_5$ 为最简状态。

（3）选取三个 D 触发器，每个触发器输出的高电平使步进电机的一相绕组通电，步进电机电路如图 4.4.1 所示。对 $S_0 \sim S_5$ 六个状态进行编码并得编码后的状态转换图，如图 4.4.2 所示。

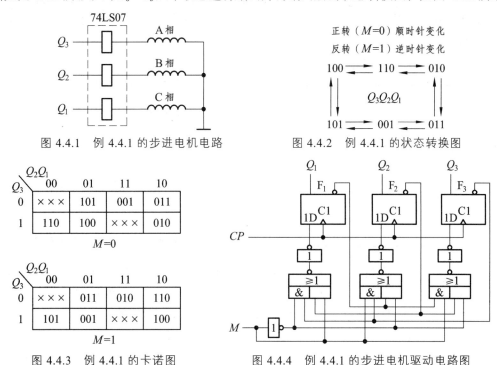

图 4.4.1　例 4.4.1 的步进电机电路　　　图 4.4.2　例 4.4.1 的状态转换图

图 4.4.3　例 4.4.1 的卡诺图　　　图 4.4.4　例 4.4.1 的步进电机驱动电路图

（4）选取 M 为正反转控制信号，当 $M=0$ 时步进电机正向转动，当 $M=1$ 时步进电机反向转动。由图 4.4.2 得 $Q_3Q_2Q_1$ 的卡诺图，如图 4.4.3 所示，这里的一个卡诺图相当于三个函数的卡诺图的重叠。注意前一个状态与其后一个状态的关系是初态与次态的关系。在上卡诺图中，当初态 $Q_3Q_2Q_1 = 100$（坐标值），其次态 $Q_3Q_2Q_1 = 110$（见卡诺图 4.4.3 的左下角）；当初态 $Q_3Q_2Q_1 = 110$（坐标值），其次态 $Q_3Q_2Q_1 = 010$（见卡诺图 4.4.3 的右下角）；当初态为 $Q_3Q_2Q_1 = 000$ 或 $Q_3Q_2Q_1 = 111$ 时，其次态为约束项 $\times\times\times$。

根据 $Q_3Q_2Q_1$ 的卡诺图可得状态方程和驱动方程：

$$\left. \begin{aligned} Q_3^1 &= \overline{Q}_2 \\ Q_2^1 &= \overline{Q}_1 \\ Q_1^1 &= \overline{Q}_3 \end{aligned} \right\} (M=0,\ CP\uparrow) \qquad \left. \begin{aligned} Q_3^1 &= \overline{Q}_1 \\ Q_2^1 &= \overline{Q}_3 \\ Q_1^1 &= \overline{Q}_2 \end{aligned} \right\} (M=1,\ CP\uparrow)$$

$$\left. \begin{aligned} Q_3^1 &= \overline{M}\,\overline{Q}_2 + M\overline{Q}_1 = D_3 \\ Q_2^1 &= \overline{M}\,\overline{Q}_1 + M\overline{Q}_3 = D_2 \\ Q_1^1 &= \overline{M}\,\overline{Q}_3 + M\overline{Q}_2 = D_1 \end{aligned} \right\} (CP\uparrow) \tag{4.4.1}$$

（5）根据驱动方程式（4.4.1）作步进电机控制器的电路图，如图 4.4.4 所示。

（6）该时序逻辑电路有一个无效循环：$111 \rightleftharpoons 000$，应避免电路进入这个循环。

【例 4.4.2】试用基于触发器级的方法设计 8 位串行数据序列检测器，被检测数据序列为 10110010。若检测到该序列则检测标志 F 置 1，否则为 0。

解：（1）定义状态，并列出状态表，如表 4.4.1 所示：设串行数据输入变量为 A，数据从高位开始输入。用 S_i 表示依次输入了 i 位有效数据后电路的状态，即 $S_0(0)$，$S_1(1)$，$S_2(10)$，$S_3(101)$，$S_4(1011)$，$S_5(10110)$，$S_6(101100)$，$S_7(1011001)$，$S_8(10110010)$。

（2）状态化简：从表 4.4.1 可以看出 S_8 和 S_0 两个状态是等价的，所以实质上只有 8 个有效状态。将 S_8 用 S_0 代替。

表 4.4.1　例 4.4.2 的状态表

Q ＼ Q^1 ＼ A	0	1
S_0	S_0	S_1
S_1	S_2	S_1
S_2	S_0	S_3
S_3	S_0	S_4
S_4	S_0	S_1
S_5	S_6	S_1
S_6	S_0	S_7
S_7	S_8	S_1
S_8	S_0	S_1

Q_3 ＼ Q_2Q_1	00	01	11	10
0	000	010	000	000
1	101	110	000	000

$A=0$

Q_3 ＼ Q_2Q_1	00	01	11	10
0	001	001	100	011
1	001	001	001	111

$A=1$

图 4.4.5　例 4.4.2 的卡诺图

（3）因为只有 8 个有效状态，所以选取三个 JK 触发器。对下列 8 个状态编码：$S_0 \rightarrow 000$，$S_1 \rightarrow 001$，$S_2 \rightarrow 010$，$S_3 \rightarrow 011$，$S_4 \rightarrow 100$，$S_5 \rightarrow 101$，$S_6 \rightarrow 110$，$S_7 \rightarrow 111$。根据表 4.4.1 和状态的编码作用这三个 JK 触发器的次态 $Q_3Q_2Q_1$ 的卡诺图，如图 4.4.5 所示。

（4）根据 $Q_3Q_2Q_1$ 的卡诺图可得状态方程、驱动方程和输出方程为

$$\left.\begin{aligned} Q_3^1 &= Q_3\bar{Q}_2 \\ Q_2^1 &= \bar{Q}_2Q_1 \\ Q_1^1 &= Q_3\bar{Q}_2\bar{Q}_1 \end{aligned}\right\} (A=0,\ CP\downarrow) \qquad \left.\begin{aligned} Q_3^1 &= \bar{Q}_3Q_2Q_1 + Q_3Q_2\bar{Q}_1 \\ Q_2^1 &= Q_2\bar{Q}_1 \\ Q_1^1 &= \overline{\bar{Q}_3Q_2Q_1} \end{aligned}\right\} (A=1,\ CP\downarrow)$$

$$\left.\begin{aligned} Q_3^1 &= \bar{A}Q_3\bar{Q}_2 + A(\bar{Q}_3Q_2Q_1 + Q_3Q_2\bar{Q}_1) \\ Q_2^1 &= \bar{A}\bar{Q}_2Q_1 + AQ_2\bar{Q}_1 \\ Q_1^1 &= \bar{A}Q_3\bar{Q}_2\bar{Q}_1 + A\overline{\bar{Q}_3Q_2Q_1} \end{aligned}\right\} (CP\downarrow) \tag{4.4.2}$$

因为　　$Q_3^1 = AQ_2Q_1\bar{Q}_3 + (AQ_2\bar{Q}_1 + \bar{A}\bar{Q}_2)Q_3$

所以　　$J_3 = AQ_2Q_1, \qquad K_3 = \overline{AQ_2\bar{Q}_1 + \bar{A}\bar{Q}_2}$

$\tag{4.4.3}$

因为　　$Q_2^1 = \bar{A}Q_1\bar{Q}_2 + A\bar{Q}_1Q_2$

所以　　$J_2 = \bar{A}Q_1, \quad K_2 = \overline{A\bar{Q}_1}$

$\tag{4.4.4}$

因为　　$Q_1^1 = (A + \bar{Q}_3Q_2)\bar{Q}_1 + (AQ_3 + A\bar{Q}_2)Q_1$

所以　　$J_1 = A + \bar{Q}_3Q_2, \quad K_1 = \overline{AQ_3 + A\bar{Q}_2}$

$\tag{4.4.5}$

当电路的状态为 S_7（1011001），即 $Q_3Q_2Q_1 = 111$ 时，若此时 $A = 0$ 则检测标志 $F = 1$，否则 $F = 0$。由此得输出方程为

$$F = \overline{A}\,Q_3Q_2Q_1 \tag{4.4.6}$$

（5）根据式（4.4.3）~式（4.4.6）作 8 位串行数据序列检测器的电路图，如图 4.4.6 所示。

（6）因为该电路中只有三个触发器，含 8 个有效状态，所以该电路没有无效状态。

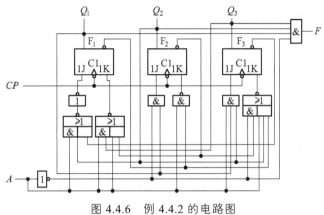

图 4.4.6　例 4.4.2 的电路图

【说明】与例 4.2.3 相比较，基于触发器级的时序逻辑电路设计能够做到电路最简。本例只用了三个触发器，而例 4.2.3 用了八个触发器。但例 4.2.3 的设计思路简单，像搭积木一样，设计效率高。

4.4.2　基于芯片级的时序逻辑电路设计

许多时序逻辑电路都有这样一个特点：电路循环输出 N 个（可重复）状态，每个状态可由 M 位二进制数表示。本书将具有这一特点的时序逻辑电路称为循环时序电路。例如计数器、步进电机控制器、交通灯控制器、节日彩灯控制器等都属于循环时序电路。下面针对循环时序电路的设计介绍几种方法。

设计 4 路彩灯
控制器

1. 计数→译码→编码法

设电路循环输出 N 个状态：S_0，S_1，S_2，$\cdots$，S_{N-1}，每个状态用二进制数表示。若第 i 个时钟需产生状态 S_i（S_i 的代码为二进制数 j）输出，只要将计数 – 译码器的第 i 个时钟的有效输出端 Y_i 送编码器的第 j 输入端 I_j，则第 i 个时钟到来时编码器必然输出二进制数 j。此方法就是利用计数→译码→编码实现输入与输出之间的状态映射，即

$$0 \longrightarrow 1 \longrightarrow 2 \qquad Y_0 \longrightarrow Y_1 \longrightarrow Y_2 \qquad S_0 \longrightarrow S_1 \longrightarrow S_2$$

计数：$\uparrow$　　　　$\downarrow$　　　　译码：$\uparrow$　　　　$\downarrow$　　　　编码：$\uparrow$　　　　$\downarrow$

$$N-1 \leftarrow \cdots \leftarrow 3 \qquad Y_{N-1} \leftarrow \cdots \leftarrow Y_3 \qquad S_{N-1} \leftarrow \cdots \leftarrow S_3$$

【例 4.4.3】某单位门前有"新年好"三路彩灯，要求动态显示"新"→"年"→"好"→熄灭→"新年好"→熄灭→"新"→"年"→……。请设计这样的控制电路。

解：用 3 位二进制数控制 3 路彩灯的亮和灭，1 使彩灯亮，0 使彩灯灭。电路循环输出 6

个状态：$100 \to 010 \to 001 \to 000 \to 111 \to 000 \to 100 \to 010 \to \cdots$。电路由 CC4017 实现计数→译码，采用暂态复位法将 CC4017 设置成六进制计数-译码器，然后 CC4532 完成编码输出，如图 4.4.7 所示。CC4532 是 8～3 优先编码器，其引出端有：信号输入端 $I_7 \sim I_0$（高电平有效），代码输出端 $Z_2 Z_1 Z_0$（二进制数的原码），片选输入端 ST（高电平有效），选通输出端 Y_S（当 $ST = 1$ 且无有效信号输入时 Y_S 为高电平，否则为低电平），扩展输出端 Y_{EX}（当 $ST = 1$ 且有有效信号输入时 Y_{EX} 为高电平，否则为低电平）。

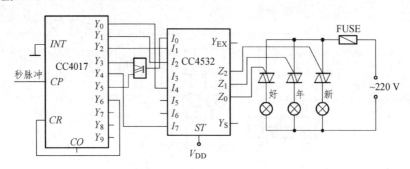

图 4.4.7　例 4.4.3 的电路图

【例 4.4.4】 试用基于芯片级的方法设计三相六拍制的步进电机控制器。

解： 选取 M 为正反转控制信号，当 $M = 0$ 时步进电机正向转动，当 $M = 1$ 时步进电机反向转动。其电路如图 4.4.8 所示。

正转：$\begin{array}{c} 100 \longrightarrow 110 \longrightarrow 010 \\ \uparrow \qquad Z_2 Z_1 Z_0 \qquad \downarrow \\ 101 \longleftarrow 001 \longleftarrow 011 \end{array}$　　　反转：$\begin{array}{c} 100 \longrightarrow 101 \longrightarrow 001 \\ \uparrow \qquad Z_2 Z_1 Z_0 \qquad \downarrow \\ 110 \longleftarrow 010 \longleftarrow 011 \end{array}$

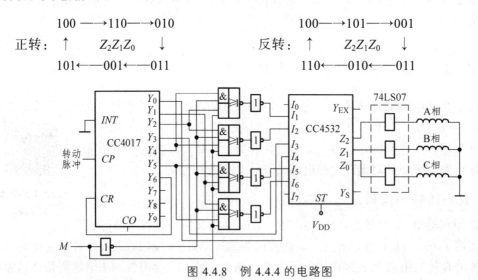

图 4.4.8　例 4.4.4 的电路图

2. 计数-访存输出法

将循环时序电路要输出的 N 个状态的二进制代码，从第 0 地址依次写入 ROM 芯片，用 N 进制加 1 计数器的输出作为 ROM 芯片的地址，当计数器循环计数时，ROM 芯片按照计数频率依次输出 N 个状态代码。该方法的设计举例请见本书第 7 章例 7.2.1。

3. 计数-代码映射法

对于具有 N 个输出状态的循环时序电路，用 N 进制计数器为其计数，将计数器输出的二进制数直接映射为输出状态的代码。设计数器的输出为四位二进制数,那么电路要实现:0000 映射为 S_0 的代码,0001 映射为 S_1 的代码,0010 映射为 S_2 的代码……。这种方法不便于使用 MSI 芯片实现,但是用 VHDL 语言编程却是很容易的,然后用可编程逻辑器件实现。该方法的设计举例请参见第 8 章例 8.3.10。

习　题

4-1　图 4-1 是由或非门构成的基本 RS 触发器,试推导其特性表、特性方程和状态转换图。

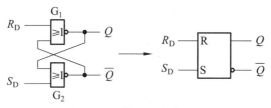

图 4-1　题 4-1 电路图

4-2　设图 4-2 中各触发器的初始状态均为 $Q=0$,试画出在周期脉冲信号 CP 的作用下各触发器的输出波形。

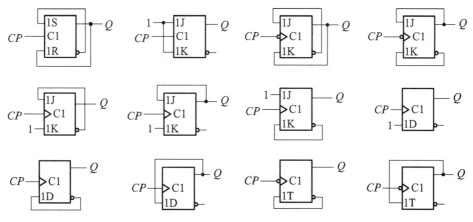

图 4-2　题 4-2 电路图

4-3　如图 4-3 所示是消除按键抖动电路,KEY 为按键信号,CP 为频率为 100 Hz 的时钟。因为一般人的按键速度最多每秒 10 次,则键被按住的最短时间 ≥50 ms,而抖动信号的频率 ≥1 000 Hz,所以用周期为 10 ms 的信号(CP 时钟)采样信号 KEY,当采样到连续两个"1"(或"0")时,这个对应的信号 DLY_OUT 才是按键信号。试分析该电路的原理。

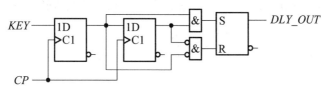

图 4-3　消除按键抖动电路

4-4　如图 4-4 所示,已知 CP 为周期脉冲信号,试分析输出信号 Y_1,Y_2 和 Y_3 的周期。

4-5 图 4-5 是串行输入数据比较器，A_i 和 B_i 是数据输入端，高位先输入。试分析输出信号 Y_1，Y_2 和 Y_3 的意义。

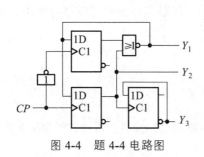

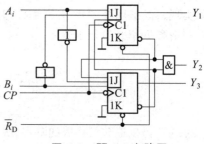

图 4-4 题 4-4 电路图   图 4-5 题 4-5 电路图

4-6 在图 4-6 所示电路中，若两个 4 位寄存器中的初始数据分别为 $A_3A_2A_1A_0 = 0110$，$B_3B_2B_1B_0 = 0111$，触发器 F_C 的状态为 0。试分析经过 4 个时钟脉冲后，两个寄存器中的数据是什么？这个电路可完成什么功能？

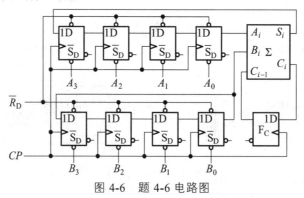

图 4-6 题 4-6 电路图

4-7 试分析图 4-7 所示电路的功能。

4-8 试分析图 4-8 所示电路的功能。

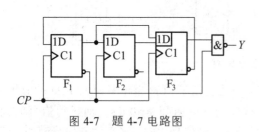

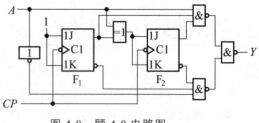

图 4-7 题 4-7 电路图   图 4-8 题 4-8 电路图

4-9 试分析如图 4-9 所示电路的功能。

4-10 图 4-10 称为扭环形计数器，分析该电路，画出其状态转换图。

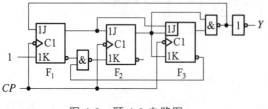

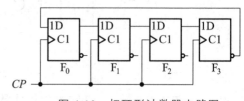

图 4-9 题 4-9 电路图   图 4-10 扭环形计数器电路图

4-11 试分析如图 4-11 所示电路的功能。

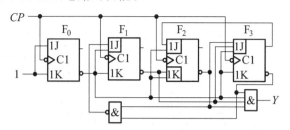

图 4-11 题 4-11 电路图

4-12 试分析如图 4-12 所示电路的功能，画出其状态转换图。

4-13 试分析如图 4-13 所示电路的功能，画出其状态转换图。

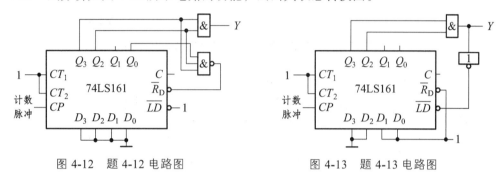

图 4-12 题 4-12 电路图   图 4-13 题 4-13 电路图

4-14 试分析图 4-14 中 $M = 0$ 和 $M = 1$ 时各为几进制计数器，分别画出其状态转换图。

4-15 试分析图 4-15 中 $M = 0$ 和 $M = 1$ 时各为几进制计数器，分别画出其状态转换图。

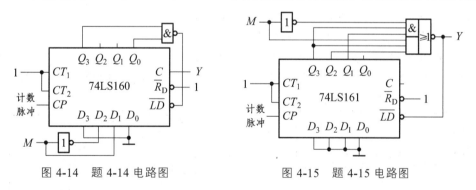

图 4-14 题 4-14 电路图   图 4-15 题 4-15 电路图

4-16 分析图 4-16 所示的电路为几进制计数器。

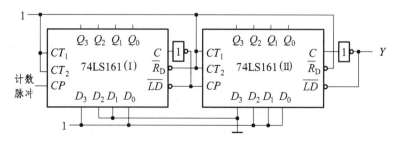

图 4-16 题 4-16 电路图

4-17   分析图 4-17 所示的电路为几进制计数器。

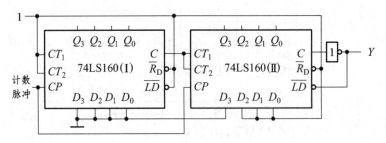

图 4-17   题 4-17 电路图

4-18   分析图 4-18 所示的电路为几进制计数器。

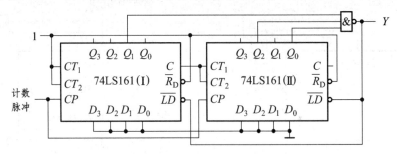

图 4-18   题 4-18 电路图

4-19   用一片 74LS160 设计一个九进制的加 1 计数器。

4-20   用两片 74LS160 设计一个 85 进制的加 1 计数器。

4-21   用两片 74LS161 设计一个 85 进制的加 1 计数器。

4-22   用 74LS191 构成一个十二进制可逆计数器，不需要进借位信号。

4-23   如图 4-19 所示是一个可控分频器，当输入信号 A，B，C，D，E，F，G，H 分别为低电平时，Y 端输出的脉冲频率各为多少，已知 CLK 端输入脉冲的频率为 10 kHz。

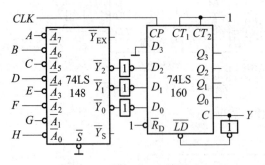

图 4-19   题 4-23 电路图

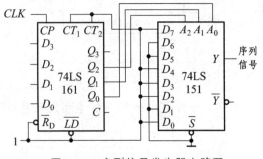

图 4-20   序列信号发生器电路图

4-24   如图 4-20 所示是一个序列信号发生器，当 CLK 端输入周期脉冲信号时在 Y 端循环输出序列信号。试分析此序列信号的具体值是什么。

4-25   用优先编码器 74LS148 和同步加 1 计数器 74LS161 设计任意进制计数器电路。

4-26   用数据比较器 74LS520 和同步加 1 计数器 74LS161 设计任意进制计数器电路。

4-27   试分析图 4-21 所示电路的功能，列出状态转换表和状态转换图。

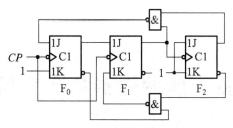

图 4-21　题 4-27 电路图

4-28　用 4 个 D 触发器和必要的逻辑门设计一个十进制同步加 1 计数器。当计数值为素数时输出标志信号为 1，否则为 0。

4-29　用 4 个 D 触发器和必要的逻辑门设计四相八拍制的步进电机控制器。该步进电机正转的通电顺序为：A→AB→B→BC→C→CD→D→DA→A；反转的通电顺序为：A→DA→D→CD→C→BC→B→AB→A。

4-30　某单位门前有"春节快乐"四路彩灯，要求动态显示"春"→"节"→"快"→"乐"→熄灭→"春节快乐"→熄灭→"春"→……。要求用 CC4017 和必要的逻辑门设计此控制电路。

第 5 章　脉冲波形的产生与整形

我们已经知道时序逻辑电路的工作依赖稳定的时钟信号，如何获得这个时钟信号呢？对时钟信号的质量有何量化？怎样提高时钟信号的质量呢？这些问题将在本章予以解决。

5.1　555 时基电路

5.1.1　矩形脉冲的特性参数

实际的信号源所产生的矩形脉冲不可能是数学意义上的矩形，只能是近似的矩形波形，如图 5.1.1 所示。下面这些特性参数可以定量地描述矩形脉冲的质量。

（1）脉冲周期 T：周期脉冲信号的相邻两个脉冲之间的时间间隔。

（2）脉冲幅度 V_m：脉冲信号的最高电位与最低电位之差。

（3）脉冲宽度 T_w：从脉冲前沿的 $0.5 V_m$ 起，到脉冲后沿的 $0.5 V_m$ 止的一段时间。

（4）上升时间 t_r：脉冲上升沿从 $0.1 V_m$ 上升到 $0.9 V_m$ 所需时间。

（5）下降时间 t_f：脉冲下降沿从 $0.9 V_m$ 下降到 $0.1 V_m$ 所需时间。

（6）占空比 q：脉冲宽度与脉冲周期之比。

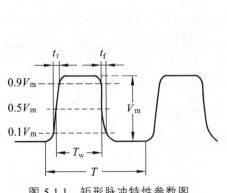

图 5.1.1　矩形脉冲特性参数图

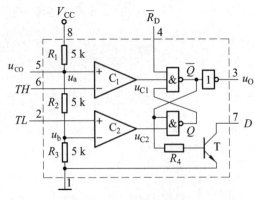

图 5.1.2　555 时基电路

5.1.2　555 时基电路的结构及功能

555 时基电路又叫作 555 定时器，它是将数字电路和模拟电路有机结合在一块的中规模集成电路，被广泛地应用于波形的产生、整形、变换和检测等许多实用电子线路中。

1. 555 时基电路的结构

1）分压电路

如图 5.1.2 所示，R_1，R_2 和 R_3 串联构成分压电路，因 $R_1 = R_2 = R_3$，故 $u_a = 2V_{CC}/3$，$u_b = V_{CC}/3$。若在电压控制端 5 另外加一个电压 u_{CO}，则 $u_a = u_{CO}$，$u_b = u_{CO}/2$。通常不使用电压控制端 5 时，应将该端通过一个 0.01 μF 的电容接地，以旁路高频干扰信号。

2）电压比较器

C_1 和 C_2 是两个运算放大器作电压比较器（见 6.1.1 节）。高触发输入端 TH 为 C_1 的反相输入（－），低触发输入端 TL 为 C_2 的同相输入（＋）。当同相输入电位 U_+ 高于反相输入电位 U_- 时，比较器输出高电平；当同相输入电位 U_+ 低于反相输入电位 U_- 时，比较器输出低电平。

3）基本 RS 触发器

比较器的输出信号送基本 RS 触发器，该触发器的异步复位信号为引出端 4。

4）输出缓冲器

最后一级的非门是为了增强时基电路的带负载能力，其输出为引出端 3。

5）开关电路

正常工作时，晶体三极管工作于开关状态，当 $\overline{Q} = 1$ 时 T 饱和导通，当 $\overline{Q} = 0$ 时 T 截止。T 的集电极为引出端 7。

2. 555 时基电路的功能

（1）当 $\overline{R}_D = 0$ 时，基本 RS 触发器复位，$\overline{Q} = 1$，$u_O = 0$，此时 T 处于导通状态，u_D 为低电平。通常情况下 $\overline{R}_D$ 接高电平。

（2）当 $u_{TH} < u_a$，$u_{TL} > u_b$ 时，$u_{C1} = u_{C2} = 1$，触发器状态保持。此时 u_O 和 u_D 的状态保持不变。

（3）当 $u_{TH} < u_a$，$u_{TL} < u_b$ 时，$u_{C1} = 1$，$u_{C2} = 0$，触发器置位，此时 u_O 为高电平，T 处于截止状态。

（4）当 $u_{TH} > u_a$，$u_{TL} < u_b$ 时，$u_{C1} = u_{C2} = 0$，触发器处于 $Q = \overline{Q} = 1$，此时 u_O 为低电平，T 处于导通状态。

5.2　脉冲波形的产生

通常由一种自激振荡电路作为时钟脉冲的信号源，这种电路只要有电源补偿能量，它会持续地等幅振荡而输出矩形脉冲信号。由于矩形波含有丰富的高次谐波分量，所以习惯上将矩形波振荡器称为多谐振荡器。

5.2.1　环形振荡器

1. 简单环形振荡器

如图 5.2.1 所示是由三个非门构成的最简单的环形振荡器。设三个非门的时间延迟均为

t_{pd}，某时刻 u_{I1} 由 0 跳变为 1，经过 t_{pd} 延时，u_{I2} 由 1 跳变为 0；又经过 t_{pd} 延时，u_{I3} 由 0 跳变为 1；又经过 t_{pd} 延时，u_O 由 1 跳变为 0，即此时输出信号 u_O 为低电平。由于 u_O 反馈回第一级非门，所以经过了 $3t_{pd}$ 延时 u_{I1} 变为 0，同理，又经过 $3t_{pd}$ 延时 u_O 变为 1，此时输出信号 u_O 为高电平。显然上述情况会导致输出信号 u_O 间隔 $3t_{pd}$ 时间跳变一次，形成矩形波。一般说来，n（奇数）个非门构成的环形振荡器的振荡周期为

$$T = 2nt_{pd} \qquad (5.2.1)$$

2. RC 环形振荡器

TTL 门电路的传输延时 t_{pd} 只有几纳秒，CMOS 门电路的传输延时 t_{pd} 也不过几十纳秒。从式（5.2.1）可知仅由非门构成的环形振荡器的频率非常高。为了获得频率较低的振荡器，可以在非门环形振荡器电路中增加 RC 延迟电路，组成 RC 环形振荡器，如图 5.2.2 所示。若该电路中的 R 或 C 用可变电阻或可变电容，则振荡器的频率可调。R_S（100 Ω）为限流电阻，对 G_3 门起限流保护作用。因为 RC 电路的充放电时间比门电路的延时 t_{pd} 长得多，所以下面的分析忽略门电路的延时。

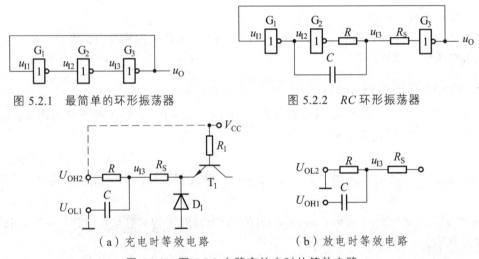

图 5.2.1　最简单的环形振荡器　　　　　图 5.2.2　RC 环形振荡器

（a）充电时等效电路　　　　（b）放电时等效电路

图 5.2.3　图 5.2.2 电路充放电时的等效电路

如图 5.2.3（a）所示是图 5.2.2 电路充电时的等效电路，U_{OH2} 是图 5.2.2 中 G_2 门的输出高电平，U_{OL1} 是图 5.2.2 中 G_1 门的输出低电平。当 u_{I2} 发生负跳变时，电容 C 的左极板电位变低立即将其右极板电位 u_{I3} 拉低。此时虽然 G_2 门输出为高电平，但有 R 的分压，使 u_{I3} 从一个负电平逐渐上升（充电）。当 u_{I3} 上升到大于阈值电压 U_T 时才导致 G_3 门的输出跳变，使输出信号 u_O 变为低电平。

如图 5.2.3（b）所示是图 5.2.2 电路放电时的等效电路，U_{OL2} 是图 5.2.2 中 G_2 门的输出低电平，U_{OH1} 是图 5.2.2 中 G_1 门的输出高电平。同样地，当 u_{I2} 发生正跳变时，电容 C 的左极板电位变高立即将其右极板电位抬高。此时虽然 G_2 门输出为低电平，但有 R 的分压，使 u_{I3} 从一个正电平逐渐下降（放电）。当 u_{I3} 下降到小于阈值电压 U_T 时才导致 G_3 门的输出跳变，输出信号 u_O 变为高电平。显然有了 RC 电路，u_{I2} 的一个跳变不是立即引起输出信号 u_O 的改变，要经历一个充电或放电的时间 u_O 才响应，这就使得振荡器的频率降低了。

充电过程中，u_{13} 从一个负电平逐渐上升，T_1 管导通，V_{CC} 对充电回路有贡献。因 $U_{OH} \approx V_{CC}$，故可以近似地看作 U_{OH2} 与 V_{CC} 有一条线短接（见图 5.2.3 中的虚线），于是 R 与（$R_1 + R_S$）并联，并联的等效电阻约等于 R（$R_1 + R_S \gg R$）。另外 U_{OL1} 的电位可近似地看作等地。放电过程中，u_{13} 高于阈值电压 U_T，大于 T_1 管的基极电位 2.1 V，则 T_1 管截止，V_{CC} 对放电回路无贡献。同样地将 U_{OL2} 的电位近似地看作等地。列充电时的电势降落方程

$$V_{CC} - iR - u = 0 \quad (u \text{ 为电容器的电压})$$

$$i = \frac{dq}{dt} = C\frac{du}{dt}$$

$$V_{CC} = RC\frac{du}{dt} + u$$

即

$$\int_{t_1}^{t_2} \frac{dt}{RC} = \int_{U_1}^{U_2} \frac{du}{V_{CC} - u}$$

所以
$$t_2 - t_1 = RC \ln \frac{V_{CC} - U_1}{V_{CC} - U_2} \tag{5.2.2}$$

放电时电势降落方程为 $u - iR = 0$，注意此时放电电流 $i = -dq/dt$。所以

$$t_2 - t_1 = RC \ln (U_1/U_2) \tag{5.2.3}$$

阈值电压 U_T 是充电和放电两个过程的切换点（见图 5.2.4）。放电开始的瞬时，u_{13} 的电位为 U_T 叠加一个正跳变 U_{OH}，所以放电时间为 u_{13} 从电位 $U_T + U_{OH}$ 放电至 U_T；充电开始的瞬时，u_{13} 的电位为 U_T 叠加一个负跳变 U_{OH}，所以充电时间为 u_{13} 从电位 $U_T - U_{OH}$ 充电至 U_T。由式（5.2.2）和式（5.2.3）得充电和放电的时间：

$$T_1 = RC \ln \frac{V_{CC} - (U_T - U_{OH})}{V_{CC} - U_T} \approx RC \ln \frac{2U_{OH} - U_T}{U_{OH} - U_T} \tag{5.2.4}$$

$$T_2 \approx RC \ln \frac{U_{OH} + U_T}{U_T} \tag{5.2.5}$$

由式（5.2.4）和式（5.2.5）得 RC 环形振荡器的周期为

$$T = T_1 + T_2 \approx RC \ln \left(\frac{2U_{OH} - U_T}{U_{OH} - U_T} \times \frac{U_{OH} + U_T}{U_T} \right) \tag{5.2.6}$$

假定 $U_{OH} = 3$ V，$U_T = 1.4$ V，代入式（5.2.6）得

$$T \approx 2.2RC \tag{5.2.7}$$

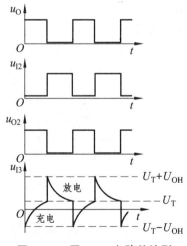

图 5.2.4　图 5.2.2 电路的波形

用门电路组成的多谐振荡器使用元件少，电路简单，在实用电路中应用特别广泛。图 5.2.5 所示是由与非门和 RC 元件组成的多谐振荡器电路，其输出为矩形脉冲波，频率 $f \approx 1/(2.2RC)$。如图 5.2.5 所示有一个控制端，该端为高电平电路起振，为低电平电路停振。图 5.2.6 是一个输出波形的占空比可调的多谐振荡电路，VD_1 和 VD_2 的加入改变了充电和放电的时间，调节 R_P 可改变输出波形的占空比。

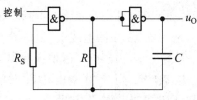

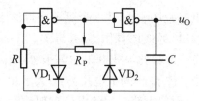

图 5.2.5　起/停振可控的振荡器　　　　　图 5.2.6　可调占空比的振荡器

5.2.2　石英晶体振荡器

从式（5.2.6）可知 RC 环形振荡器的频率不仅与 R，C 有关，而且还与门电路的阈值电压 U_T 有关。U_T 容易受电源电压和温度变化的影响，所以 RC 环形振荡器的频率不是特别稳定，不适宜对频率稳定性要求很高的场合。目前普遍使用的稳频电路是石英晶体振荡器，例如 PC 机 CPU 的主频就是由石英晶体振荡器提供的。

石英晶体振荡器是将石英晶体接入多谐振荡器中。因为石英晶体具有良好的选频特性，当外加信号的频率等于石英晶体的固有频率 f_0 时，引起石英晶格共振，此时石英晶体的阻抗最小，信号无衰减地通过。外加信号的频率越偏离石英晶体的固有频率 f_0，石英晶体对其阻抗越大，信号的衰减越厉害，致使石英晶体的热运动越剧烈。

石英晶体的固有频率 f_0 只与自身的几何形状和切片方向有关，石英晶体振荡器的频率取决于石英晶体的固有频率 f_0，与 R 和 C 的值无关。但是石英晶体不能起振，这点还得依赖 RC 电路。图 5.2.7 所示是输出频率为 1 MHz 的晶振电路（石英晶体振荡器的简称），图 5.2.8 所示是输出频率为 20 MHz 的晶振电路，可变电容可对输出频率进行微调。

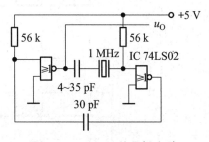

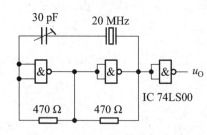

图 5.2.7　1 MHz 的晶振电路　　　　　图 5.2.8　20 MHz 的晶振电路

5.2.3　555 时基电路组成的多谐振荡器

设计振荡报警器

如图 5.2.9 所示是由 555 时基电路组成的多谐振荡器。电源接通之初电容 C 无电荷，TH 和 TL 端电位为 0，使比较器 C_1 的输出 $u_{C1} = 1$，C_2 的输出 $u_{C2} = 0$，则基本 RS 触发器置位，此时输出信号 u_O 为高电平，T 管截止。随着电源通过 R_1 和 R_2 对 C 充电，使 TH 和 TL 端电位上升。当 u_C 上升到 $2V_{CC}/3$ 时，即 TH 和 TL 端电位达到 $2V_{CC}/3$，使比较器 C_1 的输出 $u_{C1} = 0$，C_2 的输出 $u_{C2} = 1$，则基本 RS 触发器复位，输出信号 u_O 变为低电平，T 管导通。此时电容 C 经 R_2 和 T 管开始放电，使 TH 和 TL 端电位下降。当 u_C 下降到 $V_{CC}/3$ 时，即 TH 和 TL 端电位降到 $V_{CC}/3$，使比较器 C_1 的输出 $u_{C1} = 1$，C_2 的输出 $u_{C2} = 0$，则基本 RS 触发器置位，此时输出信号 u_O 变为高电平，T 管截止。如此周而复始地进行下去，则 555 时基电路的 u_O 输出矩形脉冲信号，如图 5.2.9（b）所示。

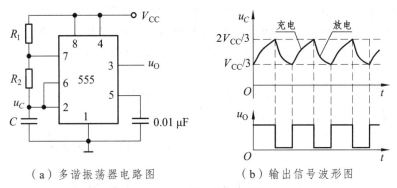

（a）多谐振荡器电路图　　　（b）输出信号波形图

图 5.2.9　用 555 时基电路组成的多谐振荡器和波形图

由式（5.2.2）得电容 C 的充电时间为

$$T_1 = (R_1 + R_2)C \ln \frac{V_{CC} - V_{CC}/3}{V_{CC} - 2V_{CC}/3} = (R_1 + R_2)C \ln 2 \qquad （5.2.8）$$

由式（5.2.3）得电容 C 的放电时间为

$$T_2 = R_2 C \ln \frac{2V_{CC}/3}{V_{CC}/3} = R_2 C \ln 2 \qquad （5.2.9）$$

由式（5.2.8）和式（5.2.9）得该电路的振荡频率及占空比分别为

$$f = \frac{1}{T_1 + T_2} = \frac{1}{(R_1 + 2R_2)C \ln 2} \approx \frac{1.43}{(R_1 + 2R_2)C} \qquad （5.2.10）$$

$$q = \frac{T_1}{T_1 + T_2} = \frac{R_1 + R_2}{R_1 + 2R_2} \qquad （5.2.11）$$

【例 5.2.1】苍蝇、蚊子和蟑螂等昆虫对 23～64 kHz 的超声波会产生厌恶感。不同的昆虫有一个特定的敏感频率。试设计一种超声波驱虫器，可达到驱除多种昆虫的目的。

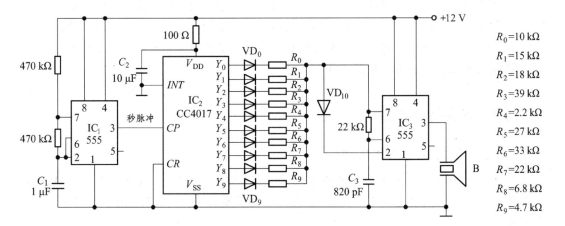

图 5.2.10　超声波驱虫器

解：如图 5.2.10 所示，超声波驱虫器由秒脉冲振荡器、计数—译码器和超声波发生器组成。计数-译码器 CC4017 的输出决定超声波的频率。在秒脉冲时钟的触发下，CC4017 的 $Y_0 \sim Y_9$ 依次输出高电平，使二极管 $VD_0 \sim VD_9$ 依次导通来循环改变 IC_3 的充电电阻，使 IC_3 的第 3 脚每隔 1 秒钟改变一次超声波的频率。VD_{10} 跨接在 IC_3 的第 2 脚与第 7 脚之间，其作用是使振荡信号的占空比达到 1/2，以获得最大输出功率，使 IC_3 的输出直接驱动压电扬声器向外发射超声波。

【例 5.2.2】 如图 5.2.11 所示是将多谐振荡器用于倍压电路，可将 + 10 V 的电源电压提高到 + 20 V 输出。试分析其工作原理。

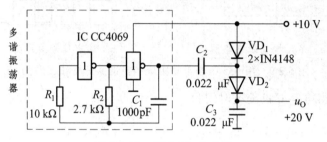

图 5.2.11　例 5.2.2 的电路

解：如图 5.2.11 所示，虚线中的电路是多谐振荡器，其工作原理留给读者分析。

当振荡器输出低电平时，+ 10 V 的电源电压通过 VD_1 对 C_2 充电，充电完毕 C_2 的左极板电位为 0，右极板电位为 + 10 V。当振荡器的输出跳变为高电平时，C_2 的左极板电位跳变为 10 V，立即将其右极板电位抬升为 + 20 V，此时 VD_1 被反向偏置，+ 20 V 的电压通过 VD_2 对 C_3 充电，充电完毕 C_3 的上极板电位为 + 20 V。当振荡器的输出再跳变回低电平时，VD_1 和 VD_2 均处于反向偏置，C_2 和 C_3 均无放电回路，则 u_O 基本上维持 + 20 V 的直流电压。

5.3　脉冲波形的整形

高质量的脉冲波形不仅周期性好、幅度和占空比稳定，而且还要边沿陡峭，即上升时间和下降时间短，总之脉冲波形越接近矩形质量越好。施密特触发器和单稳态触发器都可用于脉冲波形的整形。注意不可将第四章涉及的触发器与这里的施密特触发器和单稳态触发器混淆，前者是存储元件，后者是触发式开关元件。

5.3.1　施密特触发器

1. 施密特触发器的工作原理

如图 5.3.1 所示是由门电路组成的施密特触发器。设门电路是 CC4000 系列，当电源电压为 5 V 时，与非门的阈值电压 $U_+ = 2.5$ V。施密特触发器的输入、输出波形如图 5.3.2 所示，其工作原理如下：

（1）当 u_1 从 0 V 开始上升时，$\overline{R}_D = 1$，$\overline{S}_D = 0$（$\overline{S}_D$ 的电位比 u_I 高 0.7 V）使基本 RS 触发器置位，u_O 输出高电平。而且在 u_1 上升到 U_+ 以前 G_3 门的输出不会跳变（见图 2.3.2），$\overline{R}_D =$

1，$A = 0$ 保持不变，u_O 输出高电平不变。

（2）当 u_I 上升到 U_+ 时，$\overline{S}_D$ 已变为 1，G_3 门的输出跳变使 $\overline{R}_D = 0$，则基本 RS 触发器复位，u_O 变为低电平输出。u_I 继续攀升直到最大值，$\overline{R}_D = 0$，$\overline{S}_D = 1$ 保持不变，基本 RS 触发器的状态保持，u_O 仍为低电平输出。u_I 从最大值逐渐回落，当下降到 U_+ 时，$\overline{S}_D = 1$ 保持不变，G_3 门的输出跳变使 $\overline{R}_D = 1$，基本 RS 触发器的状态仍保持不变，u_O 仍为低电平输出。

（3）当 u_I 下降到 $U_- = 1.8$ V 时，则 $\overline{S}_D$ 的电位降到 U_+，使 G_2 门的输出跳变，导致 u_O 跳变为高电平。u_I 继续下降使 $\overline{S}_D = 0$，$\overline{R}_D = 1$，基本 RS 触发器置位，u_O 仍输出高电平。

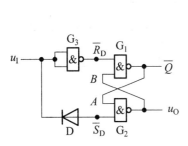

图 5.3.1　施密特触发器

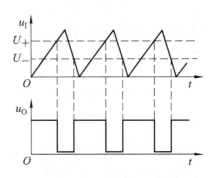

图 5.3.2　施密特触发器的波形图

2. 施密特触发器的特点

集成的施密特触发器有 TTL 类和 CMOS 类，虽然不同施密特触发器的内部结构不同，但是施密特触发器外部特点是相同的。施密特触发器是一种有两个开关点的开关元件，即输入信号从低电平开始上升，上升的过程中有一个开关点（U_+）；输入信号从高电平开始下降，下降的过程中有一个开关点（U_-），输入信号过开关点使输出信号跳变。一般上升开关点大于下降开关点，其差值（$U_+ - U_-$）称为回差电压。当然不同施密特触发器开关点的值不同。

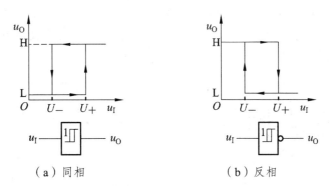

（a）同相　　　　　　　　　　（b）反相

图 5.3.3　施密特触发器的电压传输特性及符号

如图 5.3.3（a）所示是同相施密特触发器的电压传输特性及电路符号，如图 5.3.3（b）所示是反相施密特触发器的电压传输特性及电路符号。图 5.3.3（b）说明：若输入信号 u_I 从低电平开始上升，输出信号 u_O 为高电平（H）；当 u_I 上升到 U_+ 时，u_O 跳变为低电平（L）。若 u_I 从高电平开始下降，u_O 为低电平；当 u_I 下降到 U_- 时，u_O 跳变为高电平。

3. 施密特触发器的应用

用施密特触发器可以实现：波形变换、脉冲整形、幅度鉴别以及脉冲展宽等信号处理，其波形图分别如图 5.3.4～图 5.3.7 所示。

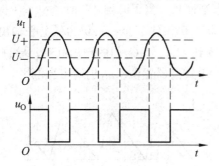

图 5.3.4　用施密特触发器实现波形变换

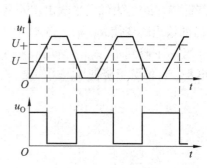

图 5.3.5　用施密特触发器实现脉冲整形

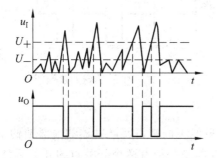

图 5.3.6　用施密特触发器鉴别脉冲幅度

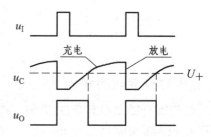

图 5.3.7　用施密特触发器实现脉冲展宽

如图 5.3.8 所示是用施密特触发器实现的脉冲展宽电路，若初始输入信号 u_I 为高电平，OC 门输出低电平，电容 C 无电荷，$u_C \approx 0$ V，施密特触发器的输出 u_O 为高电平。当 u_I 跳变为低电平时，OC 门输出高电平，而 u_C 不能跳变，V_{CC} 通过 R 对 C 充电，u_C 按指数曲线上升。当 u_C 上升到 U_+ 时，施密特触发器的输出 u_O 跳变为低电平。当 u_I 再跳变为高电平时，OC 门输出低电平，电容 C 迅速对地放电（因放电回路电阻为 0），u_C 立即跳变 0，施密特触发器的输出 u_O 跳变为高电平。从图 5.3.7 中可以看出输出脉冲变宽了。

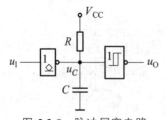

图 5.3.8　脉冲展宽电路

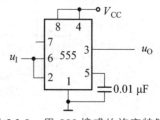

图 5.3.9　用 555 接成的施密特触发器

4. 用 555 时基电路构成施密特触发器

如图 5.3.9 所示，将 555 时基电路的 TH 和 TL 两端连在一起作为信号输入端就成了施密特触发器。下面分析其工作原理。

（1）u_I 从 0 逐渐上升的过程：当 $u_I < V_{CC}/3$ 时，$u_{C1} = 1$，$u_{C2} = 0$，则基本 RS 触发器置位，u_O 为高电平；当 $V_{CC}/3 < u_I < 2V_{CC}/3$ 时，$u_{C1} = u_{C2} =$

设计火焰报警器

1，则基本 RS 触发器保持为 1，u_O 仍为高电平；当 $u_1>2V_{CC}/3$ 时，$u_{C1}=0$，$u_{C2}=1$，则基本 RS 触发器复位，u_O 跳变为低电平，故 $U_+=2V_{CC}/3$。

（2）u_1 从大于 $2V_{CC}/3$ 逐渐下降的过程：当 $V_{CC}/3<u_1<2V_{CC}/3$ 时，$u_{C1}=u_{C2}=1$，则基本 RS 触发器保持为 0，u_O 仍为低电平；当 $u_1<V_{CC}/3$ 时，$u_{C1}=1$，$u_{C2}=0$，则基本 RS 触发器置位，u_O 跳变为高电平，故 $U_-=V_{CC}/3$。

由上述分析可知回差电压 $\Delta U=U_+-U_-=V_{CC}/3$，若第 5 脚接外加电压 u_{CO}，则 $U_+=u_{CO}$，$U_-=u_{CO}/2$，于是改变外加电压 u_{CO} 的值可以改变回差电压的大小。

门磁报警器

雨滴报警器

燃气/烟雾报警器

自动夜间指示灯

【例 5.3.1】如图 5.3.10 是火焰报警器电路，其中 555 时基电路构成反相施密特触发器。红外接收管在无火焰、无光照的情况下其内阻达 45 kΩ 以上，此时 $u_1>2V_{CC}/3$，故 u_O 为低电平，使蜂鸣器不发声。红外接收管对火焰光谱（波长在 760～1 100 nm 范围）特别敏感，用火焰照射其内阻会减小。只需打火机火焰近距离照射红外接收管，使其内阻降到 11 kΩ 以下，此时 $u_1>V_{CC}/3$，u_O 为高电平，则蜂鸣器发声报警。

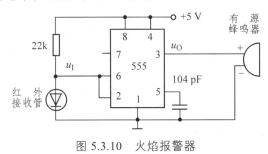
图 5.3.10　火焰报警器

5.3.2　单稳态触发器

单稳态触发器的特点是：通常情况下单稳态触发器保持在稳态，一旦受到输入信号的触发它就由稳态跳变到暂态，暂态维持一定的时间后又自动返回到稳态，暂态持续的时间与触发脉冲的宽度和幅度无关，仅取决于电路本身的参数。

1. 单稳态触发器的工作原理

如图 5.3.11 所示是微分型单稳态触发器。设门电路是 CC4000 系列，当电源电压为 5 V 时，与非门的阈值电压 $U_+=2.5$ V。微分型单稳态触发器的波形如图 5.3.12 所示，其工作原理如下：

（1）初始时触发脉冲（负窄脉冲）还未到达，$u_1=1$ 使 G_1 门的输出 $u_{O1}=0$，因此时电容 C 无电荷，故 $u_{12}=0$ 使 G_2 门的输出 $u_O=1$，电路处于稳态。

（2）触发脉冲到达，$u_1=0$ 使 G_1 门的输出 $u_{O1}=1$，电容 C 的左极板电位变高立即将其右极板电位抬高，$u_{12}=1$ 使 G_2 门的输出 $u_O=0$，电路处于暂态。随着电荷的累积（充电）电容 C 的右极板电位 u_{12} 逐渐下降。

（3）当 u_{12} 降到阈值电压 U_+ 时，使 G_2 门翻转（见图 2.3.2），其输出 $u_O=1$，电路回到稳

态。此时负窄脉冲早已消失，$u_1 = 1$ 且 $u_O = 1$ 使 G_1 门的输出 $u_{O1} = 0$，导致电容 C 的右极板电位 u_{I2} 下跳为负值（因为电容 C 的右极板电位比左极板电位低），电容 C 通过电阻 R 对地放电，右极板电位 u_{I2} 逐渐回升，最后恢复到初始状况。

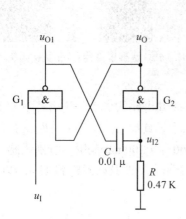

图 5.3.11 微分型单稳态触发器

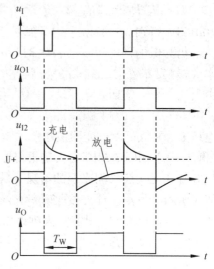

图 5.3.12 单稳态触发器的波形图

从图 5.3.12 可知单稳态触发器的暂态时间 T_W 就是电容 C 的充电时间，由式（5.2.2）得

$$T_W = RC \ln \frac{V_{DD} - 0}{V_{DD} - V_{DD}/2} = RC \ln 2 \approx 0.69 RC \quad （5.3.1）$$

2. 用 555 时基电路构成单稳态触发器

如图 5.3.13 所示是由 555 时基电路构成的单稳态触发器。电源接通后 V_{CC} 通过 R 对电容 C 充电，当 u_C 上升到大于 $2V_{CC}/3$ 时，基本 RS 触发器复位，u_O 为低电平。此时 T 管导通，电容 C 经 T 管对地放电，电路进入稳态（$u_O = 0$）。

设计楼道声控灯

触发脉冲到达（负窄脉冲）时，即 $u_1 < V_{CC}/3$，基本 RS 触发器置位，u_O 跳变为高电平，电路进入暂态（$u_O = 1$）。此时 T 管截止，V_{CC} 通过 R 对电容 C 充电，当 u_C 上升到大于 $2V_{CC}/3$ 时，基本 RS 触发器复位，u_O 为低电平。此时 T 管导通，电容 C 经 T 管对地放电，电路又回到稳态（$u_O = 0$）。

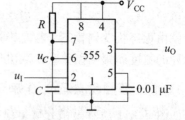

图 5.3.13 用 555 接成的单稳态触发器

显然暂态时间是对电容器充电，使 u_C 从 0 上升到大于 $2V_{CC}/3$ 的时间，所以由式（5.2.2）得暂态时间为

$$T_W = RC \ln \frac{V_{CC} - 0}{V_{CC} - 2V_{CC}/3} = RC \ln 3 \approx 1.1 RC \quad （5.3.2）$$

3. 单稳态触发器的应用

1）延时电路

【例 5.3.2】某宾馆的大门是电动开关门，当人接近大门时门自动打开，当人通过大门后

门自动关闭，试设计该大门的控制电路。

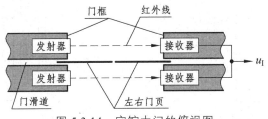

图 5.3.14　宾馆大门的俯视图

解： 在宾馆大门的前后各安装一套红外线探头，如图 5.3.14 所示。当人进出大门时会遮挡红外线，使红外线接收器产生一个负脉冲送入图 5.3.13 的 u_I，作为单稳态触发器的触发脉冲。图 5.3.13 中的电容 $C = 47\ \mu F$，电阻 $R = 200\ k\Omega$，由式（5.3.2）得暂态时间约为 10 s。用图 5.3.13 的输出信号 u_O 去控制开关门电机。当人走近大门挡住红外线时，u_O 由 0 上跳到 1 进入暂态，$u_O \uparrow$ 使电机正向转动，则大门自动打开；10 s 后 u_O 由 1 下跳到 0 回到稳态，$u_O \downarrow$ 使电机反向转动，则大门自动关闭。

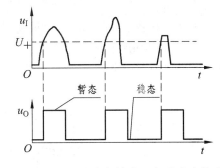

图 5.3.15　用单稳态触发器实现脉冲整形

2）脉冲整形

如图 5.3.15 所示，用单稳态触发器可以将宽度和幅度不规则的脉冲串整形为宽度和幅度相同的脉冲串。

习　题

5-1　由 5 个相同的与非门接成环形振荡器，测定其输出信号的频率为 10 MHz，试求每个与非门的平均传输延迟时间。

5-2　由 555 时基电路构成的多谐振荡器如图 5.2.9（a）所示，若 $V_{CC} = 12\ V$，$R_1 = R_2 = 5\ k\Omega$，$C = 0.01\ \mu F$，求其输出信号的频率及占空比。

5-3　由 555 时基电路构成的施密特触发器如图 5.3.9 所示，试求：

① 当 $V_{CC} = 12\ V$，而且没有外接控制电压时，U_+，U_- 及回差电压的值。

② 当 $V_{CC} = 9\ V$，外接控制电压 $u_{CO} = 5\ V$ 时，U_+，U_- 及回差电压的值。

5-4　分析图 5.2.11 虚线框内的多谐振荡器的工作原理，画出电容器充放电的等效电路图，并计算其频率。

5-5　用 555 时基电路设计一个回差电压为 $\Delta U = 2\ V$ 的斯密特触发器。

5-6　用 555 时基电路设计一个振荡频率为 20 kHz、占空比为 1/4 的多谐振荡器。

5-7　用 555 时基电路设计一个 1 min 的延时电路。

5-8　如图 5-1 所示是红外线发射电路，当开关 K 闭合时红外发射二极管 SE303 向外发射红外线。求该电路发射红外线的频率范围。

5-9　如图 5-2 所示是由 555 时基电路构成的压控振荡器，即输入控制电压 u_I 改变引起振荡频率变化，试推导其变化关系式。

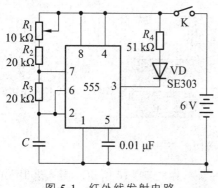

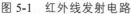

图 5-1　红外线发射电路

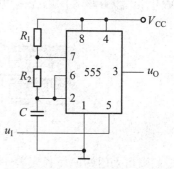

图 5-2　压控振荡器电路图

5-10　如图 5-3 所示是一个简易电子琴的电路，它主要由六反相器 CC4096 组成。其中非门 1, 2 及外围元件组成一个音频振荡器，改变串接在按键开关的电位器阻值便可改变振荡频率，也就改变了音调。各音阶所对应的频率如表 5-1 所示，试确定 R_2 和 R_P 的参数。

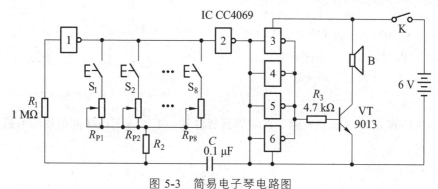

图 5-3　简易电子琴电路图

表 5-1　各音阶对应频率表

音　　阶	1	2	3	4	5	6	7	i
频率（Hz）	262	294	330	349	392	440	494	523

5-11　如图 5-4 所示是用两片 555 时基电路构成的延时报警器，当开关 K 断开后，经过一定的延时后扬声器发出声音。如果在延时时间内 K 重新闭合，扬声器不会发出声音。在图中给定的参数下，试求延迟时间和发声频率。G 为 CMOS 非门，当 V_{CC} = 12 V 时，输出高、低电平分别为 $U_{OH} \approx 12$ V 和 $U_{OL} \approx 0$ V。

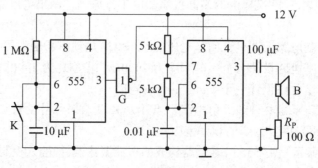

图 5-4　延时报警器电路图

5-12　如图 5-5 所示是用两片 555 时基电路构成的救护车扬声器发音电路。在图中给定的参数下，试求扬声器发出声音的高、低频率及高、低频率持续时间。当 V_{CC} = 12 V 时，555 时基电路输出高、低电平分别为 11 V 和 0.2 V，输出电阻小于 100 Ω。

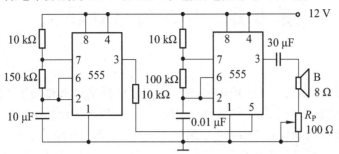

图 5-5　救护车扬声器发音电路图

5-13　实验题：参考例 5.3.1，选取合适的传感器、电阻、电容等元件实现以下电路。

（1）用 555 时基芯片和霍尔传感器设计一个门磁报警器。

（2）用 555 时基芯片和雨滴传感器设计一个降雨报警器。

（3）用 555 时基芯片和气体传感器（MQ-2）设计一个燃气/烟雾报警器。

（4）用 555 时基芯片和倾斜传感器设计一个震动报警器。

（5）用 555 时基芯片和光敏电阻设计一个夜间停电安全门指示器。

（6）用 555 时基芯片和声控传感器设计一个楼道声控灯电路。

（7）用 555 时基芯片设计一个约 10 s 的延时电路，使路灯点亮后延时 10 s 熄灭。

第6章 D/A 与 A/D 转换

在计算机测量与控制、图像和语音处理等诸多领域都涉及 A/D 转换（模拟信号转换为数字信号）或 D/A 转换（数字信号转换为模拟信号）。例如，在计算机实时监控下，用传感元件采集现场连续变化的物理量（如温度、湿度、压力、压强、速度、位移、流量和光亮度等），传感元件将采集的物理量以模拟信号的形式输出，经 A/D 转换后送计算机进行处理，计算机处理的结果经 D/A 转换后发送给现场的执行部件，以实现对现场物理量的调节与控制。

将数字信号转换为模拟信号的器件称为 DAC（Digital-Analog Convertor），将模拟信号转换为数字信号的器件称为 ADC（Analog-Digital Convertor）。DAC 和 ADC 电路中要用到集成运算放大器，下面首先介绍集成运算放大器。

6.1 集成运算放大器

6.1.1 集成运算放大器介绍

运算放大器（简称运放）是一种高放大倍数、高输入电阻、低输出电阻的直接耦合放大电路，在电子技术中应用广泛。运算放大器有两个输入端，如图 6.1.1 所示，"＋"为同相输入端，"－"为反相输入端。通常在分析电路原理时将运算放大器看作理想的，理想集成运放的特性是：电压放大倍数 $A \to \infty$，输入电阻 $R_I \to \infty$，输出电阻 $R_O \to 0$，无干扰及噪声等。

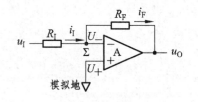

图 6.1.1 反比例电路

当理想集成运放工作在线性区，即输出电压与输入电压呈线性关系时，利用其理想化参数可导出下面两个重要的结论：

（1）集成运放的同相输入电流 I_+ 和反相输入电流 I_- 均等于零。这是因为理想运放的输入电阻为无穷大，它不从信号源索取电流。

（2）集成运放的差模输入电压 $|U_+ - U_-| = 0$，即 $U_+ \approx U_-$。这是因为当理想集成运放工作于线性区时，输出电压与输入电压的关系为 $|U_+ - U_-| = |u_O|/A$，而 $A \to \infty$，在线性区 u_O 必为有限值，所以 $U_+ \approx U_-$。

这两个结论似乎相互矛盾，与通常的电路概念不同。就 I_+ 和 I_- 均为零而言，集成运放的输入端等效于开路，我们称其为"虚断"；而就 $U_+ \approx U_-$ 而言，同相输入端与反相输入端电位相等，集成运放的输入端等效于短路，我们称其为"虚短"。这就是集成运放在理想化条件下的极限情况。

6.1.2　运算电路

运算电路是集成运放工作在线性区，对输入信号进行求比例、加减、乘除、微分和积分等运算。

1. 反相比例电路

图 6.1.1 是反相比例电路，其中输入信号加在反相输入端，模拟地是模拟信号的电位参考点。因为运放的输入电阻 $R_I \rightarrow \infty$，则 $i_I = i_F$，故电压放大倍数为

$$A = -\frac{u_O}{u_I} = -\frac{i_O R_F}{i_I R_I} = -\frac{R_F}{R_I} \tag{6.1.1}$$

式（6.1.1）右边的负号是因为 i_F 从"虚地"Σ 点流出，u_O 比"虚地"电位更低，所以应添加一个负号，即输出电压与输入电压相位相反。反相比例电路的特点是：① 如果 $R_I = R_F$，则输出电压与输入电压大小相等而相位相反，此时称为反相器；② $U_- \approx U_+ = 0$；③ 由于反相输入端"虚地"，因此，从电路输入端和"地"之间看进去的等效电阻近似等于外接电路 R_I。

2. 求和电路

如图 6.1.2 所示是求和电路，Σ 点叫作求和点。因为 $i_F = i_1 + i_2 + i_3$，所以

$$u_O = -i_F R_F = -\left(\frac{u_1}{R_1} + \frac{u_2}{R_2} + \frac{u_3}{R_3}\right)R_F \tag{6.1.2}$$

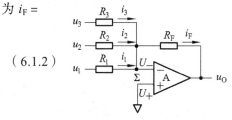

图 6.1.2　求和电路

3. 积分和微分电路

如图 6.1.3 所示是积分电路，因为 $i_F = C\dfrac{\mathrm{d}u_C}{\mathrm{d}t}$，$i_I = \dfrac{u_I}{R}$，且因为"虚断" $i_F = i_I$，所以

$$u_O = -u_C = -\frac{1}{C}\int i_F \mathrm{d}t = -\frac{1}{RC}\int u_I \mathrm{d}t \tag{6.1.3}$$

如图 6.1.4 所示是微分电路，因为"虚断" $i_C = i_F$，"虚短" $u_C = u_I$，所以

$$u_O = -i_F R = -i_C R = -RC\frac{\mathrm{d}u_I}{\mathrm{d}t} \tag{6.1.4}$$

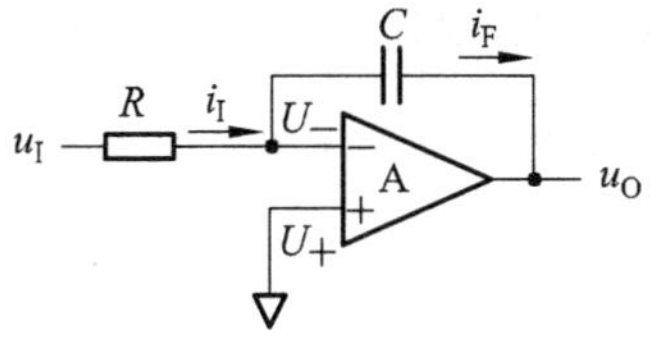

图 6.1.3　积分电路 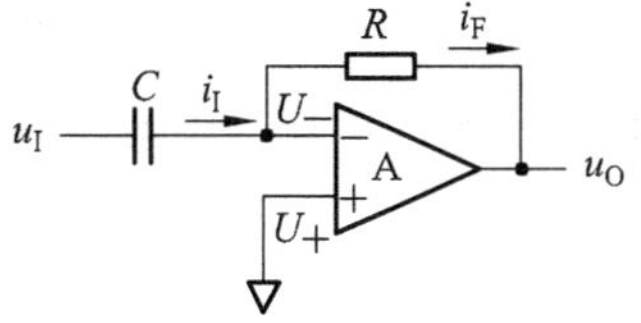　　　　　图 6.1.4　微分电路

4. 同相比例电路

如图 6.1.5 所示是同相比例电路，其中输入信号加在同相输入端。因为 $U_- \approx U_+ = u_I \neq 0$，所以反相输入端不是虚地。又因 $U_- = R u_O/(R + R_F)$，所以

$$u_O = (1 + R_F/R)u_I \qquad\qquad (6.1.5)$$

同相比例电路的特点是当 $R \to \infty$ 或 $R_F = 0$ 时，由式（6.1.5）得 $u_O = u_I$，即集成运放作为电压跟随器，如图 6.1.6 所示。

5. 电压比较器

如图 6.1.7 所示是集成运放作为电压比较器，当 u_I 大于参考电压 U_{REF} 时，输出电压 u_O 为逻辑状态 0，当 u_I 小于参考电压 U_{REF} 时，输出电压 u_O 为逻辑状态 1。

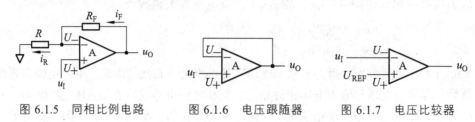

图 6.1.5　同相比例电路　　　图 6.1.6　电压跟随器　　　图 6.1.7　电压比较器

6.2　D/A 与 A/D 转换的基本原理

6.2.1　D/A 与 A/D 转换原理

在现代电子技术中，将数字信号转变为模拟信号与模拟信号转变为数字信号是互逆的过程，因此数字信号与模拟信号的相互转换存在着一个定量描述，该描述与具体的电路无关。可以将 D/A 转换电路和 A/D 转换电路抽象为图 6.2.1，其中 V_{ref} 为参考电压，输入/输出电压 u 总是小于参考电压的，D 为 n 位输入/输出数字量。显然 u/V_{ref} 为无量纲的纯小数，这个纯小数用 n 位二进制定点小数近似表示，则 $u/V_{ref} \approx 2^{-n}D$。于是我们得到

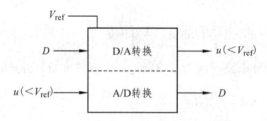

图 6.2.1　A/D 转换与 D/A 转换示意图

转换定理：无论是 A/D 转换还是 D/A 转换，模拟电压与参考电压之比约等于 n 位二进制定点小数形式的数字量。

6.2.2　DAC 主要技术指标

1. 分辨率

因为 n 位二进制定点小数的分辨率为 2^{-n}，所以 n 位 DAC 的分辨率为 $2^{-n}V_{REF}$，即 DAC 转换标尺的最小刻度。有时也用位数 n 表示 DAC 的分辨率。

2. 转换精度

转换精度也称转换误差，DAC 的转换精度 = ± 分辨率/2。

【说明】什么是分辨率？分辨率是用某种检测工具进行检测时能够分辨出来的最小单位，即度量衡的最小刻度。例如实验室无刻度托盘天平的砝码盒中的最小砝码为 1 g，那么该天平的分辨率为 1 g；普通直尺的分辨率是 1 mm；普通跑表的分辨率是 0.01 s；蔬菜市场上杆秤的分辨率是 1 两。自然数的分辨率是 1；n 位二进制定点小数的分辨率为 2^{-n}。或者说任何检测工具的检测值应为其分辨率的整数倍。精度也称误差，它与分辨率的关系是我们日常生活中经常接触到的，例如用杆秤称重时，若量值介于两刻度之间，过半就多算 1 两，未过半就少算这一点重量，总之称重的误差在 ± 0.5 两之间。现人民币的流通分辨率为 1 角，分币按四舍五入计，其支付误差在 ± 5 分之间。

3. 建立时间

建立时间是指从输入数字量发生突变开始，直到输出电压达到稳态值 ± 转换精度的范围以内的这段时间，一般建立时间为微秒级。

【例 6.2.1】某工控现场采用的都是 10 位 A/D 和 D/A 转换，参考电压均为 10 V。①若某时刻需送往现场的电压为 6.875 V，则微机提供给 DAC 的数字量是多少？②若某时刻微机采集数字量是 1011001000，则现场的输入电压为多少？③现场的最大输入电压应限制在多少？④该控制系统的转换误差能否限制在 ± 5 mV 以内？

解：①由转换定理得输出模拟电压与参考电压之比为 0.6875 = 0.1011B，则微机提供给 DAC 的数字量是 1011000000。

②解法一：当微机采集的数字量是 1011001000 时，由转换定理得现场的输入电压为
$$0.1011001B \times 10 = 1011001B \times 10/2^7 = 890/128 \approx 6.953（V）$$

解法二：微机采集的数字量是分辨率（$2^{-10}V_{REF}$）的整数倍，即
$$1011001000B \times 2^{-10} \times 10 = 0.1011001B \times 10 \approx 6.953（V）$$

③解法一：微机采集的最大数字量是 1111111111，由转换定理得现场最大输入电压应限制为 $0.1111111111B \times 10 = (1 - 2^{-10}) \times 10 = 10 - 10/1024 \approx 10 - 0.01 = 9.99（V）$

解法二：微机采集的最大数字量是 1111111111，为分辨率的整数倍，即
$$1111111111B \times 2^{-10} \times 10 = (2^{10} - 1) \times 2^{-10} \times 10 \approx 9.99（V）$$

④因为是 10 位 A/D 和 D/A 转换，所以该控制系统的转换误差为
$$分辨率/2 = 2^{-10} \times 10\ V/2 = 10\ V/2048 \approx 0.004\ 88\ V < 5\ mV$$
即该控制系统的转换误差能限制在 ± 5 mV 以内。

6.2.3 倒 T 形电阻网络 DAC 的转换原理

如图 6.2.2（a）所示是倒 T 形 DAC 电路，该电路由数据寄存器、倒 T 形电阻解码网络、位权模拟开关、求和电路和电压基准（V_{REF}）组成。如图 6.2.2（b）所示是模拟开关 S_i 的电路，数字量输入后锁存在数据寄存器中，寄存器的各位输出选择模拟开关的方向。当 $D_i = 1$ 时 NMOS 管导通、PMOS 管截止，电流经 NMOS 管流入 Σ 点；当 $D_i = 0$ 时 NMOS 管截止、PMOS 管导通，电流经 PMOS 管流入模拟地。

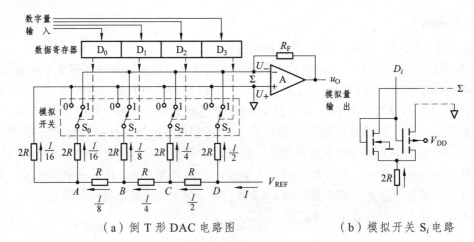

（a）倒 T 形 DAC 电路图　　　　（b）模拟开关 S_i 电路

图 6.2.2　倒 T 形电阻网络 DAC

因为集成运放接成反相比例电路，所以 $U_- \approx U_+ = 0$。又因 A 点的对地（不论是虚地还是模拟地）电阻为两个 $2R$ 并联，所以 A 点的对地电阻为 R；同理可知 B 点、C 点、D 点的对地电阻均为 R。由电阻分压定理可知：$u_D = V_{REF}$，$u_C = u_D/2 = V_{REF}/2$，$u_B = u_C/2 = V_{REF}/4$，$u_A = u_B/2 = V_{REF}/8$。

设 $D = D_3 D_2 D_1 D_0$ 为存储在数据寄存器中的 4 位二进制数，当 $D_i = 1$ 时 S_i 掷向 1 端，对应支路的电流对求和点 Σ 有贡献；当 $D_i = 0$ 时 S_i 掷向 0 端，对应支路的电流对求和点 Σ 无贡献。由式（6.1.2）得

$$u_O = -\left(\frac{u_D}{2R}D_3 + \frac{u_C}{2R}D_2 + \frac{u_B}{2R}D_1 + \frac{u_A}{2R}D_0\right)R_F$$

$$= -\frac{R_F}{R}V_{REF}\left(\frac{1}{2}D_3 + \frac{1}{4}D_2 + \frac{1}{8}D_1 + \frac{1}{16}D_0\right) \tag{6.2.1}$$

将式（6.2.1）推广到一般，可得

$$u_O = -\frac{R_F}{R}V_{REF}\sum_{i=1}^{n}2^{-i}D_{n-i} \tag{6.2.2}$$

若取 $R_F = R$ ，则

$$u_O = -V_{REF}(D \times 100\%) \tag{6.2.3}$$

其中，$D = \sum_{i=1}^{n}2^{-i}D_{n-i}$ 为 n 位二进制定点小数（即纯小数）。式（6.2.3）的数学意义十分清晰，即输入的数字量（视为定点小数）实际上是给 DAC 提供了转换输出的模拟量应占参考电压的百分比。

6.2.4　DAC 芯片及连接

1. 集成 D/A 转换器 DAC0832

DAC0832 是 8 位电流型 D/A 转换器。如图 6.2.3 所示，DAC0832 内部有两级寄存器，第一级为时钟边沿触发的寄存器，在时钟信号的下降沿锁存数据；第二级为时钟电平触发的寄存器，当时钟信号为低电平时锁存数据。其中，DAC 由倒 T 形电阻解码网络和位权模

拟开关组成，电阻 R_F 与倒 T 形电阻解码网络中的 R 相等。DAC 中无集成运放，需外接运放才能得到模拟电压输出，外接运放的反馈支路直接连接在 R_{FB} 脚。DAC0832 的各引脚定义如下：

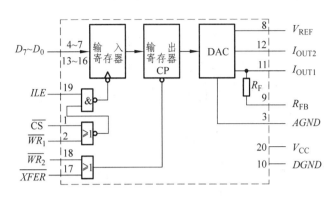

图 6.2.3　DAC0832 内部结构图

$D_7 \sim D_0$ ——8 位数据输入。

$\overline{CS}$ ——片选信号。

ILE ——输入数据锁存信号。

$\overline{WR_1}$ ——第一级寄存器写信号，当 $\overline{CS} = \overline{WR_1} = 0$ 且 $ILE = 1$ 时，输入数据可置入第一级寄存器中。

$\overline{XFER}$ ——传输控制信号。

$\overline{WR_2}$ ——第二级寄存器写信号，当 $\overline{XFER} = \overline{WR_1} = 0$ 时，第一级寄存器的输出可置入第二级寄存器中。

I_{OUT1} ——模拟电流第一输出端。

I_{OUT2} ——模拟电流第二输出端，$I_{OUT1} + I_{OUT2} =$ 常量。

R_{FB} ——反馈电阻引出端。

V_{REF} ——参考电压输入端，此端可接正电压或负电压，参考电压 $\leqslant 10\ V$。

V_{CC} ——芯片电源电压，范围 + 5 ～ + 15 V，最佳工作状态是 + 15 V。

$AGND$ ——模拟地。

$DGND$ ——数字地。

2. DAC0832 与微机的接口

1）直通输入单极性输出的连接方式

　　如图 6.2.4 所示是 DAC0832 与微机的直通输入单极性输出的连接电路，DB（Data BUS）是微机系统的数据总线，低 8 位直接送 DAC0832 的数据输入端，AB（Address BUS）是微机系统的地址总线，根据微机分配的地址设计地址译码电路，其输出低电平有效，送 DAC0832 的片选端。

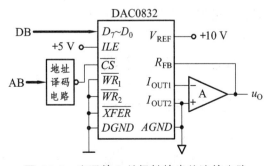

图 6.2.4　直通输入单极性输出的连接电路

2）单缓冲输入单极性输出的连接方式

如图 6.2.5 所示是 DAC0832 与微机的单缓冲输入单极性输出的连接电路，低电平有效的写控制信号 $\overline{IOW}$ 由微机系统总线提供。除了上述两种输入方式外，还有双缓冲输入方式（见图 6.2.6）。

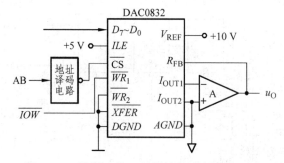

图 6.2.5　单缓冲输入单极性输出的连接电路

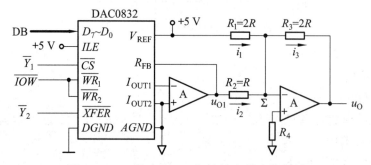

图 6.2.6　双缓冲输入双极性输出的连接方式

3）双缓冲输入双极性输出的连接方式

双极性输出是指被转换电压有正负之分。图 6.2.6 是 DAC0832 与微机的双缓冲输入双极性输出的连接电路，$\overline{Y_1}$ 和 $\overline{Y_2}$ 是根据微机分配的地址而设计的地址译码电路的两个输出信号，低电平有效。

因为
$$i_3 = i_1 + i_2 = V_{REF}/R_1 + u_{O1}/R_2$$

所以
$$u_O = -i_3 R_3 = -R_3 (V_{REF}/R_1 + u_{O1}/R_2)$$
$$= -(V_{REF} + 2u_{O1}) \tag{6.2.4}$$

从式（6.2.4）可知，当输入数字量为全 0 时，$I_{OUT1} = 0$，则 $u_{O1} = 0$，此时 $u_O = -V_{REF} = -5\,V$；当输入数字量为全 1 时，因 I_{OUT1} 为最大值，故 u_{O1} 为最大值，$u_{O1} \approx -5\,V$，此时 $u_O = +5\,V$；当输入数字量为 10000000B 时，$u_{O1} = -V_{REF}/2 = -2.5\,V$，此时 $u_O = 0\,V$。于是可确定双极性输出的模拟电压为 $-5 \sim +5\,V$。

6.3　A/D 转换器

6.3.1　采样与保持

1. 采　样

因为模拟信号是连续量，数字信号是离散量，所以要将模拟信号转换为数字信号首先要对模拟信号进行采样。如图 6.3.1 所示，所谓采样就是要周期性地采集模拟信号的幅值。例如，t_1 时刻采集的幅值为 P_1，t_2 时刻采集的幅值为 P_2，……t_n 时刻采集的幅值为 P_n。每采集一个幅值就要进行一次 A/D 转换，转换的结果为二进制数（数字量）才便于存储和处理。每次采样所得二进制数的位数称为采样的数字精度。

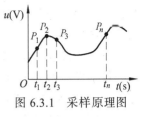

图 6.3.1　采样原理图

2. 采样定理

模拟信号是连续量，任意一段时间内的模拟信号都是由无穷多个点组成的，采样只能获取其中有限个点。显然采样点越密集，即采样频率越高，离散量（已存储起来的数字量）对模拟量的表示越精确。反之，采样频率越低，离散量对模拟量的表示越粗略。当然采样频率越高存储负担越大，但是采样频率太低，离散量就反映不了模拟量的变化规律，这样的离散量还有何意义呢？

采样定理：对模拟信号进行数字采样，其采样频率应大于或等于模拟信号最高频率的 2 倍，才能使采样信息不失真。

【**例 6.3.1**】　试计算存储在 PC 机中 1 min 长的双声道语音文件有多大？设数字精度为 8 位，语音信号频率为 300～3400 Hz。

解：该文件的容量 $= 2×2×3\,400×8×60 = 652\,800$（bit）$≈ 800$（KB）。

3. 采样-保持电路

因为模拟信号在连续不断地变化，所以每次采样最后一瞬间信号幅值都要保持下来并维持不变，直到本次 A/D 转换结束。能够完成这一任务的电路叫作采样-保持电路，如图 6.3.2 所示。电压跟随器 A_1 具有极高的变化速率且能驱动大电容负载，A_1 的输入阻抗很高，减小了采样电路对输入信号的影响，其输出阻抗很低，减小了电容 C 的充/放电时间。电压跟随器 A_2 跟踪电容 C 的电压。$u_1(t)$ 为被采样的模拟信号，$u_S(t)$ 为采样脉冲。当 $u_S(t)$ 为高电平时，T 管导通，

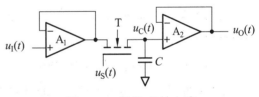

图 6.3.2　采样-保持电路

$u_C(t) ≈ u_1(t)$，这段时间 A_1 的输出对电容 C 充/放电。当 $u_S(t)$ 跳变为低电平时，T 管截止，因为运放的输入端电阻为无穷大，所以电容 C 无放电回路，$u_C(t)$ 保持不变，这段时间 $u_O(t)$ 保持不变提供给 ADC 进行 A/D 转换。

在具体情况下，若 ADC 的转换速度比输入模拟信号的变化快得多，那么模拟信号可以直接加入 DAC；如果模拟信号变化比较快，为了保证转换精度，就要在 ADC 之前加上采样-保持电路，使 A/D 转换过程中保持模拟信号不变。

6.3.2　A/D 转换

1. 逐次逼近式 ADC 的原理

如图 6.3.3 所示是逐次逼近式 ADC。该电路由比较器、逐次逼近寄存器、DAC、输出缓冲寄存器和控制电路组成。设 DAC 的参考电压为 10 V，当 *START* 信号由高电平变为低电平

时，逐次逼近寄存器清零，此时 DAC 的输出为 $u_O = 0$ V。当 $START\int$ 到达时控制电路开始输出计数脉冲。

第一个计数脉冲,控制电路将 1 送入逐次逼近寄存器的最高位 D_7,使其输出为 10000000，这个数字量经 D/A 转换，$u_O = 5$ V。若 $u_I < u_O$，比较器输出低电平，经控制电路清除逐次逼近寄存器的 D_7 位；若 $u_I > u_O$，比较器输出高电平使逐次逼近寄存器的值保持不变。第二个计数脉冲，控制电路将 1 送入逐次逼近式寄存器的次高位 D_6，使其输出为 $\times 1000000$，这个数字量经 D/A 转换后再次进行 u_I 与 u_O 的比较。若 $u_I < u_O$，比较器输出低电平，经控制电路清除逐次逼近寄存器的 D_6 位；若 $u_I > u_O$,比较器输出高电平使逐次逼近寄存器的值保持不变；第三个计数脉冲……。

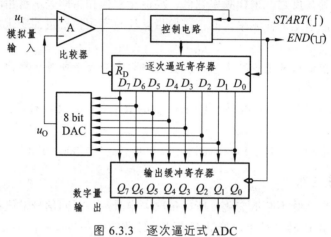

图 6.3.3　逐次逼近式 ADC

经过 8 个计数脉冲，A/D 转换结束，控制电路输出 END（⊓）信号，使输出缓冲寄存器输出转换结果。

2. 集成 A/D 转换器 ADC0809

ADC0809 是 8 位逐次逼近式 A/D 转换器。如图 6.3.4 所示，ADC0809 有 8 个模拟量输入通道 $IN_0 \sim IN_7$，其引脚定义如下：

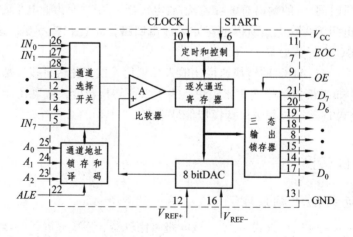

图 6.3.4　ADC0809 内部结构图

$IN_0 \sim IN_7$ ——8 路模拟信号输入端。

$A_2A_1A_0$ ——8 路模拟信号的选择地址，当 $A_2A_1A_0 = 000$ 时选择 IN_0 输入端，当 $A_2A_1A_0 = 001$ 时选择 IN_1 输入端，……当 $A_2A_1A_0 = 111$ 时选择 IN_7 输入端。

ALE ——地址 $A_2A_1A_0$ 的锁存信号，高电有效。

$CLOCK$ ——时钟输入端。

$START$ ——转换启动信号，高电平有效。

EOC ——转换结束信号，上升沿有效。

OE ——数字量输出允许信号，高电平有效。

$D_7 \sim D_0$ ——数字量输出端。

V_{REF+} 和 V_{REF-} ——参考电压接入端。若参考电压为单极性，V_{REF+} 接电源，V_{REF-} 接地。若参考电压为双极性，V_{REF+} 接正电压，V_{REF-} 接负电压。

ADC0809 与微机的连接方法请参考微机接口技术方面的书籍。

3. 双积分式 ADC 的原理

如图 6.3.5 所示是双积分式 ADC。该电路由积分电路、过零比较器、异步计数器及其进位触发器（F_C）、模拟开关 S_0 和 S_1、模拟开关驱动器 L_0 和 L_1 组成。当 $START$ 信号由高电平变为低电平时，异步计数器及其进位触发器清零，同时模拟开关 S_0 闭合，使电容 C 迅速放电完毕。

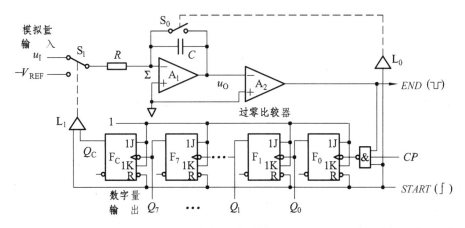

图 6.3.5　双积分式 ADC

当 $START$ ↑ 到达时转换开始，S_0 断开、S_1 切换到 u_1 一侧，积分电路开始对 C 充电。因为积分电路的输出 u_O 的电位为负，所以过零比较器输出高电平。该信号开放与非门，计数脉冲 CP 通过与非门使计数器计数。

当计数器计满 2^n 个脉冲后，自动返回全 0 状态并输出一个进位信号使 F_C 翻转为 1。$Q_C = 1$ 使模拟开关 S_1 切换到 $-V_{REF}$ 一侧，积分电路开始反向积分（即对 $-V_{REF}$ 放电），同时计数器继续从 0 开始计数。待积分电路的输出 u_O 的电位回升到 0 以后，过零比较器的输出变为低电平，将与非门封锁，至此转换结束。这时计数器中存储的二进制数就是转换结果。接下来对上述分析进行理论推导。

在积分电路正向积分的这段时间 T_1，由式（6.1.3）得

$$u_O = -\frac{1}{RC}\int_0^{T_1} u_1 dt = -\frac{T_1}{RC} u_I \qquad (6.3.1)$$

在积分电路反向积分的这段时间 T_2，由支路 $\rightarrow V_{REF} \rightarrow R \rightarrow \Sigma$ 得：$-V_{REF} + iR = 0$，i 为放电电流。

因为 $\qquad V_{REF} = RC\dfrac{du_C}{dt}$

有 $\qquad du_C = \dfrac{V_{REF}}{RC} dt$

所以 $\qquad \displaystyle\int_{u_O}^0 du_C = \frac{V_{REF}}{RC}\int_0^{T_2} dt$

$$\frac{T_1}{RC} u_I = \frac{T_2}{RC} V_{REF}$$

故有 $\qquad T_2/T_1 = \dfrac{u_I}{V_{REP}} \qquad (6.3.2)$

设计数时钟 CP 的频率为 f_C（$= 1/T_C$），因为正向积分的这段时间共计数 2^n 个脉冲，所以 $T_1 = 2^n T_C$。若反向积分的这段时间共计数 D（二进制整数）个脉冲，则 $T_2 = DT_C$。由式 (6.3.2) 得

$$\frac{D}{2^n} = \frac{u_I}{V_{REF}} \times 100\% \qquad (6.3.3)$$

式（6.3.3）的数学意义十分清晰，因为 $D/2^n$ 为 n 位二进制定点小数，所以模拟量经 ADC 转换后的数字量（视为定点小数）实际上是一个输入模拟量与参考电压的百分比。

通过上述的分析和推导，我们可以这样来理解双积分式 ADC 的原理：输入模拟量越大，则积分电路正向积分（充电）时电容器累积的电荷越多，导致积分电路反向积分（放电）的时间越长，那么反向积分这段时间计数器计数次数（数字量）就越大。

根据转换定理，ADC 与 DAC 应该有相同意义的技术指标 —— 分辨率和转换精度，至于 ADC 的转换时间指的是从转换启动信号有效到转换结束信号有效的这段时间，该时间一般达到微秒级。

虽然双积分式 ADC 比逐次逼近式 ADC 的转换速度低，但是双积分式 ADC 具有很强的抑制交流干扰信号的能力，尤其是对工频信号（50 Hz 的交流电）的干扰，如果转换为工频的整数倍，从理论上可以消除工频信号的干扰。

4. 并联比较式 ADC 的原理

如图 6.3.6 所示是并联比较式 ADC。该电路由电压比较器、寄存器和代码转换电路三部分组成。若 $u_I < V_{REF}/15$，则所有比较器的输出全是低电平，当 $CP\uparrow$ 到达时所有的触发器都被置为 0；若 $V_{REF}/15 \leqslant u_I < 3V_{REF}/15$，则只有 C_1 输出高电平，当 $CP\uparrow$ 到达时 F_1 被置为 1，其余触发器置为 0。若 $3V_{REF}/15 \leqslant u_I < 5V_{REF}/15$，则只有 C_1 和 C_2 输出高电平，当 $CP\uparrow$ 到达时 F_1 和 F_2 被置为 1，其余触发器置为 0……。其输出代码转换表如表 6.3.1 所示。

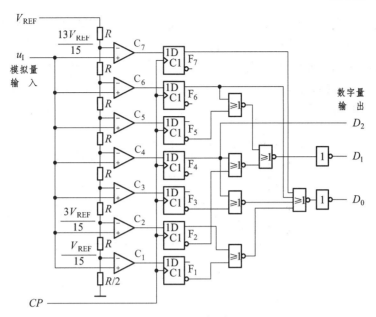

图 6.3.6　并联比较式 ADC

表 6.3.1　图 6.3.6 的输出代码转换表

输入模拟量	寄存器状态							输出数字量		
u_I	Q_7	Q_6	Q_5	Q_4	Q_3	Q_2	Q_1	D_2	D_1	D_0
$0 \sim V_{REF}/15$	0	0	0	0	0	0	0	0	0	0
$V_{REF}/15 \sim 3V_{REF}/15$	0	0	0	0	0	0	1	0	0	1
$3V_{REF}/15 \sim 5V_{REF}/15$	0	0	0	0	0	1	1	0	1	0
$5V_{REF}/15 \sim 7V_{REF}/15$	0	0	0	0	1	1	1	0	1	1
$7V_{REF}/15 \sim 9V_{REF}/15$	0	0	0	1	1	1	1	1	0	0
$9V_{REF}/15 \sim 11V_{REF}/15$	0	0	1	1	1	1	1	1	0	1
$11V_{REF}/15 \sim 13V_{REF}/15$	0	1	1	1	1	1	1	1	1	0
$13V_{REF}/15 \sim 15V_{REF}/15$	1	1	1	1	1	1	1	1	1	1

根据表 6.3.1 得

$$D_2 = Q_7Q_6Q_5Q_4Q_3Q_2Q_1 + \overline{Q}_7Q_6Q_5Q_4Q_3Q_2Q_1 + \overline{Q}_7\overline{Q}_6Q_5Q_4Q_3Q_2Q_1 + \overline{Q}_7\overline{Q}_6\overline{Q}_5Q_4Q_3Q_2Q_1$$
$$= (Q_7Q_6Q_5 + \overline{Q}_7Q_6Q_5 + \overline{Q}_7\overline{Q}_6Q_5 + \overline{Q}_7\overline{Q}_6\overline{Q}_5)Q_4Q_3Q_2Q_1$$

考虑到电路所具备的约束条件，当 $Q_5 = 0$ 时，有 $\overline{Q}_7\overline{Q}_6\overline{Q}_5 = 1$；当 $Q_5 = 1$ 且 $Q_6 = 0$ 时，有 $\overline{Q}_7\overline{Q}_6Q_5 = 1$；当 $Q_5 = Q_6 = 1$ 且 $Q_7 = 0$ 时，有 $\overline{Q}_7Q_6Q_5 = 1$；当 $Q_5 = Q_6 = Q_7 = 1$ 时，有 $Q_5Q_6Q_7 = 1$。所以括号中表达式的值恒为 1。又因当 $Q_4 = 1$ 时，有 $Q_3Q_2Q_1 = 1$，所以 $D_2 = Q_4$。同理可化简 D_1 和 D_0 的函数式。即代码转换电路的逻辑函数式为

$$\left.\begin{array}{l} D_2 = D_4 \\ D_1 = D_6 + \overline{Q}_4Q_2 \\ D_0 = Q_7 + \overline{Q}_6Q_5 + \overline{Q}_4Q_3 + \overline{Q}_2Q_1 \end{array}\right\} \qquad (6.3.4)$$

表 6.3.1 是非完全逻辑真值表，如果将此表第 1 行的 0 和第 7 列的 1 划去，可建立六变量卡诺图，下面用六变量卡诺图求 D_1 的表达式。

因为当 $Q_1 = 0$ 时 $D_1 = 0$，设当 $Q_1 = 1$ 时 $D_1 = d_1$，则 $D_1 = \overline{Q_1} \cdot 0 + Q_1 \cdot d_1 = d_1$。作 d_1 的卡诺图，如图 6.3.7 所示。注意纵向圈不能画到虚线，因为这样画出来的圈不关于粗黑线对称。由该卡诺图得 6.3.4 中的第二式。

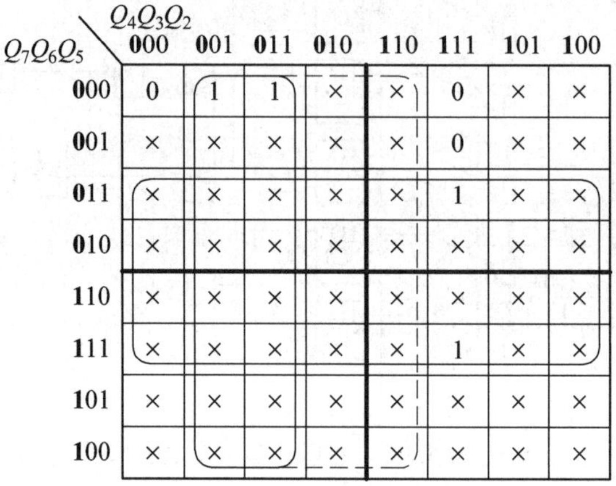

图 6.3.7　由表 6.3.1 得到的 D_1 的卡诺图

并联比较式 ADC 只需要一个 CP 脉冲触发即可获得输出数字量，所以其最大优点是转换速度快，进行一次 A/D 转换只需几十纳秒。但是 n 位并联比较式 ADC 所用比较器和触发器的个数较多，分别为 $2^n - 1$ 个，8 位并联比较式 ADC 所用比较器和触发器分别多达 255 个。元件太多集成的芯片面积大，价格不菲。AD9048 就是 8 位并联比较式 ADC，能在采样频率高达 35 MHz 下工作，可用来对高速视频信号进行快速转换。

习　题

6-1　某工控现场进行 A/D 和 D/A 转换的参考电压均为 10 V，现有 8 位、10 位、12 位、16 位四种型号的 A/D 和 D/A 转换芯片，若要求转换误差限制在 ± 1 mV 以内，应选用哪种型号的芯片，该芯片的分辨率是多少？D/A 转换输出的最大电压是多少？

6-2　某系统采用的是 8 位 A/D 和 D/A 转换，参考电压均为 5 V。① 该系统的转换误差是多少？② 若此 D/A 转换器的输入量是 11010000B，则其输出量是多少？③ 若此 A/D 转换器的输入量是 3.125 V，则其输出量是多少？

6-3　用计数器和 D/A 转换器设计一个能输出锯齿波或三角波的电路。

第 7 章　半导体存储器与可编程逻辑器件

半导体存储器因存取速度快、存储容量大而构成现代计算机的主存。半导体存储器有两大类，一类是半导体随机存储器 RAM（Random Access Memory），另一类是半导体只读存储器 ROM（Read Only Memory）。可编程逻辑器件 PLD（Programmable Logic Devices）是一种半定制的集成电路，结合 EDA（Electronic design Automation）技术可以快速、方便地构建数字逻辑系统。

7.1　半导体随机存储器

半导体随机存储器分为静态随机存储器（SRAM）和动态随机存储器（DRAM）两种，SRAM 的特点是存取速度快，但集成度（单位面积芯片上的存储单元数）低；DRAM 的特点是存取速度稍慢，但集成度高。另外，DRAM 还需要周期性地刷新操作。所以在 PC 机中 DRAM 用于主存储器，SRAM 用于高速缓冲存储器。SRAM 还因静态功耗低成为 PC 机的 CMOS 参数设置芯片，PC 机断电后，由锂电池为其供电，可长期保存用户设置的 CMOS 参数。

7.1.1　半导体随机存储器介绍

1. 半导体存储器的性能指标

（1）存储容量（bit）= $N \times W \times D$。其中，N 为构成存储器的相同规格芯片的数量；W 为单片集成的字数，由芯片的地址线数决定，n 位地址的芯片有 2^n 个字；D 为每个字的位数，由芯片的数据线数决定。

（2）存储周期（ns）：连续两次访问存储器所需的最短时间间隔。存储周期俗称访问速度，计算机内存条的速度一般为几十纳秒。

（3）数据带宽（bps）：单位时间内所能存取二进制数的位数。

2. RAM 的基本原理

如图 7.1.1 所示，SRAM 由行/列地址译码器、存储矩阵、读/写控制电路三部分组成。$\overline{CS}$ 为片选信号，低电平有效。$n + m$ 位地址输入后通过行、列地址译码器同时译码，高电平输出有效。行地址译码器产生 2^n 条行字线，列地址译码器产生 2^m 条列字线，与行、列字线均为高电平相连的存储字被选中。若此时写使能信号 $\overline{WE} = 0$，则数据线上的数据写入该存储字；

若此时 $\overline{WE}=1$，则该存储字的数据通过数据线输出。

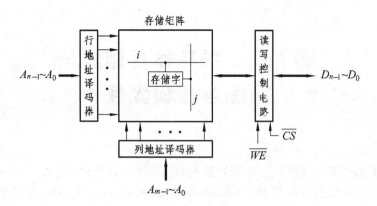

图 7.1.1　SRAM 的基本原理图

3. SRAM

1）SRAM 的单元电路

如图 7.1.2 所示是 SRAM 存储一位二进制数的单元电路，这是由 4 个 NMOS 管构成的双稳态触发器 F。F 的输入/输出端 A 和 B 的电位始终保持互补，T_1 和 T_2 是内阻较大的负载管且一直保持导通。若先用一对互补信号（$A=1$，$B=0$）从 A，B 两端触发，则 T_3 管截止使 A 端电位为高电平，T_4 管导通使 B 端电位为低电平，然后将 A，B 两端与外界隔离，那么 F 的状态（复位）将一直保持。如果用一对相反的互补信号（$A=0$，$B=1$）再次从 A，B 两端触发，则 T_3 管导通使 A 端电位为低电平，T_4 管截止使 B 端电位为高电平，然后也将 A，B 两端与外界隔离，那么 F 的状态（置位）将一直保持。

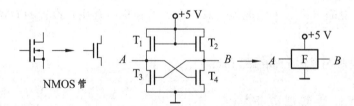

图 7.1.2　SRAM 的单元电路

2）SRAM 电路原理

如图 7.1.3 所示是 SRAM 电路，其存储矩阵为 $2^n \times 2^m$。若经行地址译码后行字线 i 为高电平，则存储矩阵第 i 行所有的 T_5 管和 T_6 管导通，使 A' 与 A 连通、B' 与 B 连通；同时经列地址译码后列字线 j 为高电平，则存储矩阵第 j 列的 T_7 管和 T_8 管导通，使 $\overline{D}$ 与 A' 连通、D 与 B' 连通，此时 F_{ij} 与读写控制电路连通。如果片选有效（$\overline{CS}=0$）且进行读操作（$\overline{WE}=1$），那么 G_2 门输出高电平将 G_4 门选通，存储在 F_{ij} 中的数据 D 经 G_4 门从数据线输出；如果片选有效（$\overline{CS}=0$）且进行写操作（$\overline{WE}=0$），那么 G_1 门输出高电平将 G_3 门和 G_5 门选通，数据线上的数据经 G_3 门和 G_5 门后变为一对互补信号 $\overline{D}$ 和 D 置入 F_{ij} 中；如果片选无效（$\overline{CS}=1$），那么 G_1 门和 G_2 门输出低电平将 G_3 门、G_4 门和 G_5 门都阻断，则不能进行读/写操作。

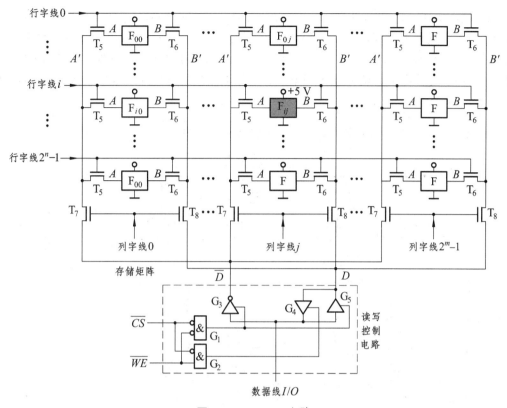

图 7.1.3 SRAM 电路

4. DRAM

1）DRAM 电路原理

由图 7.1.3 可知 SRAM 存储 1 位二进制数需用 6 个 NMOS 管，这是导致 SRAM 芯片集成度低的根本原因。单管 DRAM 的单元电路仅由一个 NMOS 管和一个电容组成。如图 7.1.4 所示是 16 K×1 bit 的 DRAM 电路，其存储矩阵为 128 行 × 128 列。在第 63 行与第 64 行之间有一行双稳态触发器（简称 F 行），其输入/输出端 A 和 B 总是处于互补状态。F 行以上的电容累积电荷表示存储 0，否则存储 1；F 行以下的电容累积电荷表示存储 1，否则存储 0。DRAM 存储器有三种操作，写入、读出和刷新，下面分析其原理。

（1）写入操作。若第 63 行第 1 列单元已存储 0（$\overline{C}$ 带电），地址译码选中该单元，即行字线 63 为高电平使电容 $\overline{C}$ 与 F_1 的 A 端连通，列字线 1 为高电平使 F_1 的 B 端与位线连通。此时 $\overline{CS} = 0$ 且 $\overline{WE} = 0$，G_1 门输出高电平将 G_3 门选通，那么数据线信号直达 $\overline{C}$ 的正极。若写入 0，则 F_1 的状态为 $B = 0$，$A = 1$，$\overline{C}$ 的正极电荷保持；若写入 1，则 F_1 的状态为 $B = 1$，$A = 0$，$\overline{C}$ 经 T_3 管对地迅速放电，$\overline{C}$ 就不带电了。

若第 64 行第 1 列单元已存储 0（C 不带电），地址译码选中该单元，即行字线 64 为高电平使电容 C 与 F_1 的 B 端连通，列字线 1 为高电平使 F_1 的 B 端与位线连通。此时 $\overline{CS} = 0$ 且 $\overline{WE} = 0$，G_1 门输出高电平将 G_3 门选通，那么数据线信号直达 C 的正极。若写入 0，则 F_1 的状态为 $B = 0$，$A = 1$，C 仍不带电；若写入 1，则 F_1 的状态为 $B = 1$，$A = 0$，电源经 T_2 管对 C 迅速充电，C 就带电了。

（2）读出操作。当 $\overline{CS} = 0$ 且 $\overline{WE} = 1$ 时启动读操作，此时 G_2 门输出高电平将 G_4 门选通。若第 63 行第 1 列单元已存储 0（$\overline{C}$ 带电），那么 F_1 的 A 端应为高电平，使 B 端为低电平，于是数据线的电位为低电平，即读得 $I/O = 0$。若第 63 行第 1 列单元已存储 1（$\overline{C}$ 不带电），那么 F_1 的 A 端应为低电平，使 B 端为高电平，于是数据线的电位为高电平，即读得 $I/O = 1$。

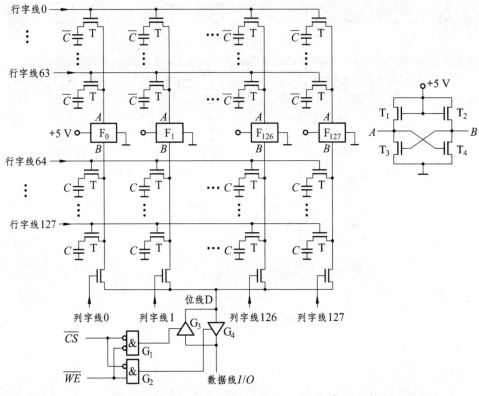

图 7.1.4　16 K × 1 bit 的 DRAM 电路

（3）刷新操作。电容器不可避免地存在着漏电，当电容 C 因电荷泄漏而使其正极电位低于 NMOS 管的阈值电压 U_{TN} 时，则原来存储的信息就丢失了。一般 DRAM 内电容器保持信息的时间不超过 2 ms。

刷新操作其实是逐行虚读，刷新期间行地址计数器按刷新频率计数，其输出经行地址译码器译码后选中存储矩阵的某一行。而列地址译码器被封锁，其输出列字线全部为低电平，使存储矩阵与位线隔离，数据无法输出。若 F 行以上的电容 $\overline{C}$ 原来带电，当该行字线为高电平时 $\overline{C}$ 的正极与 F 的 A 端等电位且仍高于 U_{TN}，使 F 的 T_4 管导通、T_3 管截止，此时电源通过 T_1 管对 $\overline{C}$ 充电；若 F 行以上的电容 $\overline{C}$ 原来不带电，当该行字线为高电平时 $\overline{C}$ 的正极与 F 的 A 端等电位且为 0，此时因 T_3 管饱和导通使 $\overline{C}$ 正负极短接，所以 $\overline{C}$ 不可能被充电。同理可分析 F 行以下电容的情况。

【说明】也许细心的读者会问，为什么将 F 行放在中间呢？如果放在最上面或最下面的一行岂不将电容器的状态定义统一了吗？这正是设计者的精明之处，将 F 行放在中间可以使 F 的 A，B 两端平均分担负载，用一只手提重物总不如将重物均分后用两只手提轻松吧。

2）DRAM 芯片结构

如图 7.1.5 所示是 64 K×1 bit 的 DRAM 芯片内部结构图。因 DRAM 容量大，故其地址位数长。为了减少芯片的引脚数和便于刷新，DRAM 芯片的地址采用行、列地址分时输入。首先给 DRAM 发送行地址 $A_7 \sim A_0$，行地址锁存脉冲 $\overline{RAS}$（⎍）将其打入行地址锁存器；然后给 DRAM 发送列地址 $A_{15} \sim A_8$，列地址锁存脉冲 $\overline{CAS}$（⎍）将其打入列地址锁存器，行、列地址译码选中一个存储字。该存储矩阵由两部分组成，这样可以两部分同时进行刷新以提高刷新效率。某次读/写操作是针对其中的一部分进行的，由地址码的 A_7 位选择，当 $A_7 = 0$ 时选择存储矩阵 I，当 $A_7 = 1$ 时选择存储矩阵 II。

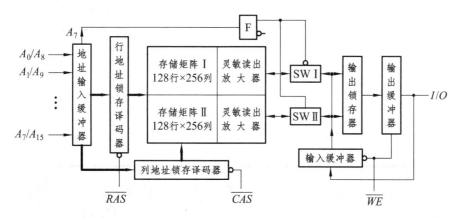

图 7.1.5　64 K × 1 bit 的 DRAM 内部结构

刷新期间行地址锁存脉冲 $\overline{RAS}$ 与行地址计数器同步就可以对 DRAM 逐行刷新，此时 $\overline{CAS}$ 保持为高电平禁止列地址输入。

7.1.2　存储器的扩展

单片存储芯片的容量有限，往往不能满足数字系统的存储器的需要，这种情况可用多片进行位扩展或字扩展来构成所需的存储器。

1. 位扩展

当单片存储芯片的位数不足存储器存储单元的位数时，要用多片相同规格的存储芯片进行位扩展。位扩展的方法是将各存储芯片的地址线、片选线（$\overline{CS}$）、写使能线（$\overline{WE}$）并联，而各芯片的数据线构成存储器的数据总线。

PC 机的内存条就是由多片相同规格的存储芯片经位扩展而形成的，例如，一条 128 MB（1 M = 2^{20}B，1 B = 8 bit）的内存条由 9 片 128 M×1 bit 的芯片组成，其中 8 片存储字节数据，还有 1 片存储奇偶校验位。

2. 字扩展

当存储芯片的字数不足存储器存储单元的总数时，要用多片存储芯片进行字扩展。字扩展的方法是存储器的高位地址提前译码产生各芯片的片选信号，而存储器的低位地址作为存储芯片的片内地址。

【例 7.1.1】 试用 8 K×4 bit 的 RAM 芯片构成容量为 40 KB（1 K = 2^{10} B）的存储器。

解： 用 8 K×4 bit 的芯片构成所需的存储器，字数和位数均不够，所以既要进行字扩展又要进行位扩展。

① 因为 2^{15} B < 40 K < 2^{16} B，所以该存储器的地址总线为 16 位，而数据总线为 8 位。所需芯片总数为 40 K×8 bit / (8 K×4 bit) = 10

② 以 2 片为一组共 5 组，组内 2 片进行位扩展可满足存储器的位数。因为 5 组需要 3 位地址予以区分，8 K×4 bit 的芯片片内地址 13 位，所以用高 3 位地址 $A_{15}A_{14}A_{13}$ 通过 3 ~ 8 译码器译码选择这 5 组，当 $A_{15}A_{14}A_{13}$ = 000 时第 0 组被片选，当 $A_{15}A_{14}A_{13}$ = 001 时第 1 组被片选……，当 $A_{15}A_{14}A_{13}$ = 100 时第 4 组被片选。低 13 位地址 $A_{12}\cdots A_0$ 为各芯片的片内地址。

③ 根据上述分析作该存储器的电路图，如图 7.1.6 所示，电路左边的信号由使用该存储器的数字系统（例如 CPU）提供。$R/\overline{W}$ 为读写控制信号，高电平读，低电平写。

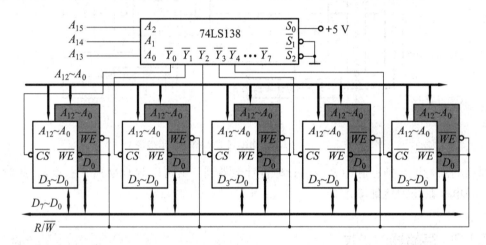

图 7.1.6　例 7.1.1 的电路

【说明】 虽然 STC 系列单片机是 8 位机，但是其程序计数器 PC 是 16 位的，所以其程序存储器空间可达 2^{16} B；32 位机的地址总线是 32 位的，所以其主存空间为 2^{32} B；64 位机的地址总线是 64 位的，所以其主存空间可达 2^{64} B。这是一个海量的存储空间，所以最新笔记本电脑对主存的配置是没有限制的。

7.1.3　相联存储器*

相联存储器是一种既可按地址寻址又可按关键字检索的半导体存储器。相联存储器的检索能力很特别，它不需要被检索数据按关键字段排序，也不管被检索数据的多少，只要进行一次检索操作即可得结果。这是因为一般的比较电路只能进行 1 : 1 比较，即一次检索操作只能将关键字与一个被检索数据进行比较；而相联存储器能够进行 1 : N 比较，即一次检索操作是将关键字与全部被检索数据同时进行比较，所以相联存储器主要应用于需要快速检索的场合。

1. 相联存储器的单元电路

如图 7.1.7 所示是相联存储器的单元电路，用 D 触发器存储 1 位二进制数，W_{i-j} 表示第 i 存储字的第 j 位单元电路。当该单元未被屏蔽（$M=0$）时，检索位与存储位取同或后经三态门从 P 端输出，$P=1$ 表示检索位与存储位相同，$P=0$ 表示检索位与存储位相异；当该单元被屏蔽（$M=1$）时，P 端输出为高阻。若从优先排队电路或地址译码器送来的字选线 $S=1$，则该存储单元数据 Q 输出。此时若要将数据 D 写入该单元，即 D 触发器中，只需通过写使能信号 $\overline{WE}$ 发一个负脉冲；若字选线 $S=0$，则该单元既不能读也不能写。

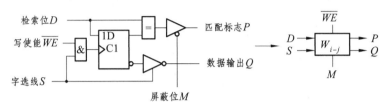

图 7.1.7　相联存储器的单元电路

2. 相联存储器的存储矩阵

如图 7.1.8 所示是相联存储器的存储矩阵，每一行是一个 $k+1$ 位的存储字，一共有 n 个存储字。现假设屏蔽寄存器的值 $M_0M_1M_2\cdots M_k=001\cdots1$，则每个存储字的第 2 位至第 k 位被屏蔽，其单元电路的 P 端输出为高阻。而检索寄存器中 D_0D_1 位是检索关键字，$D_2\cdots D_k$ 位不参与检索。若 $D_0D_1=10$，存储矩阵中第 0 字存储的数据是 $01X\cdots X$，第 1 字存储的数据是 $10Y\cdots Y$，第 n 字存储的数据是 $11Z\cdots Z$。此时，第 0 字的 W_{0-0} 位和 W_{0-1} 位的 P 端输出均为 0，线与使第 0 字的字匹配线 $P_0=0$；第 1 字的 W_{1-0} 位和 W_{1-1} 位的 P 端输出均为 1，线与使第 1 字的字匹配线 $P_1=1\cdots\cdots$；第 n 字的 W_{n-0} 位的 P 端输出为 1，W_{n-1} 位的 P 端输出为 0，线与使第 n 字的字匹配线 $P_n=0$。由此可决定匹配寄存器各位的值 $P_0P_1\cdots P_n$，其中的"1"表示该字与检索关键字匹配，"0"表示该字与检索关键字不匹配。显然某存储字中只要有一位比较不匹配，则线与使该字的字匹配线为 0。

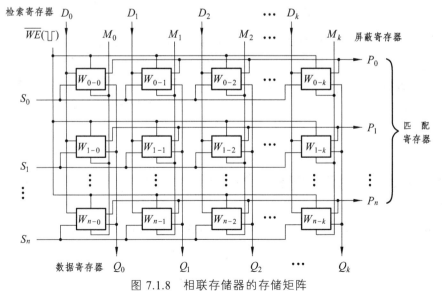

图 7.1.8　相联存储器的存储矩阵

3. 相联存储器的结构框图

如图 7.1.9 所示是相联存储器的结构框图。因为与检索关键字匹配的存储字可能不止一个，即匹配寄存器中有多个"1"，所以要用优先排队电路对匹配寄存器的输出进行排队。具体方法是只保留匹配寄存器中位置最靠前的那个"1"，位置靠后的那些"1"全部清 0，以避免多个匹配的存储字输出到数据寄存器而冲突。优先排队电路的逻辑函数式为

$$
\left.
\begin{aligned}
S_0 &= P_0 \\
S_1 &= \overline{P_0} P_1 \\
S_2 &= \overline{P_0}\,\overline{P_1} P_2 \\
&\ \vdots \\
S_n &= \overline{P_0}\,\overline{P_1}\,\overline{P_2}\cdots\overline{P_{n-1}}P_n
\end{aligned}
\right\}
\qquad (7.1.1)
$$

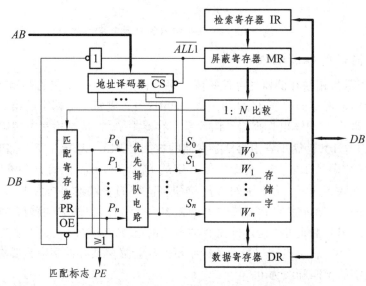

图 7.1.9 相联存储器的结构框图

当屏蔽寄存器为全 1 时输出全 1 标志信号 $\overline{ALL1} = 0$，选择地址译码器，并禁止匹配寄存器输出，此时按地址码访问存储字；当屏蔽寄存器非全 1 时输出全 1 标志信号 $\overline{ALL1} = 1$，允许匹配寄存器输出，且地址译码器被封锁，此时按检索关键字访问存储字。另外，匹配寄存器的各位输出相或产生匹配标志 PF。$PF = 1$ 表示数据寄存器中得到的是匹配字；$PF = 0$ 表示没有检索到匹配的存储字。

7.2 半导体只读存储器

半导体只读存储器主要用于信息固化，例如电子词典的字库、PC 机底层的系统程序（BIOS）和家用电器中的单片机程序等这些不轻易改变的信息都是用半导体只读存储器固化存储的。

7.2.1　固定 ROM 与 PROM

1. 固定 ROM 的原理

固定 ROM 中的信息由生产厂家固化后用户是无法改写的。如图 7.2.1 所示是用 NMOS 管集成的固定 ROM 电路，其中与 V_{DD} 连接的 N 管是内阻较大的负载管，接通电源后负载管总是保持导通状态。在字线和位线交点处连接一个 N 管表示存储 1，否则表示存储 0。例如，在片选有效（$\overline{CS} = 0$）的情况下，当 $A_1A_0 = 10$ 时，经地址译码器译码后字线 W_2 为高电平，使 W_2 连接的两个 N 管导通，则前两位位线为低电平，而后两位位线与 V_{DD} 等电位，经输出缓冲器取非后，输出为 $D_3D_2D_1D_0 = 1100$。

由（3.2.6）式可知字线 $W_i = m_i$（$i = 0$，1，2，3），D_3 的逻辑状态只与字线 W_0 和 W_2 有关，因 W_0 和 W_2 不可能同时高电平有效，故位线 $D_3 = W_0 + W_2$。同理可得 $D_2 = W_2$，$D_1 = W_1$，$D_0 = W_0 + W_3$。即

$$\left.\begin{aligned} D_3 &= \overline{A_1}\,\overline{A_0} + A_1\overline{A_0} \\ D_2 &= A_1\overline{A_0} \\ D_1 &= \overline{A_1}A_0 \\ D_0 &= A_1\overline{A_0} + A_1A_0 \end{aligned}\right\} \tag{7.2.1}$$

式（7.2.1）是逻辑函数标准式 1，它说明 ROM 电路可构成任意逻辑函数。ROM 电路由两个基本逻辑阵列构成，一个是固定的与阵列产生地址译码器，另一个是可变的或阵列形成存储字。

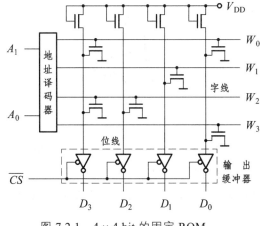

图 7.2.1　4 × 4 bit 的固定 ROM

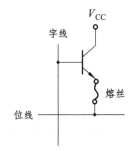

图 7.2.2　PROM 的存储单元结构

2. PROM 的原理

PROM（Programmable ROM）给用户提供了一次性编程的机会，以便用户根据自己的意愿固化信息。PROM 电路的基本结构与固定 ROM 类似，只是在所有的字线和位线交点处按图 7.2.2 集成，即厂家提供给用户的是各个存储单元全为 1 的芯片。其中的熔丝是通过激光光刻技术实现的，其成分是熔点很低的镍铬合金。编程时首先输入地址码，找到要写入 0 的存储单元，将电源电压提高到 25 V，同时在编程单元的位线上加编程脉冲，这时有较大电流

流过熔丝，将其熔断，即写入 0。熔丝熔断后是无法接上的，所以 PROM 只给用户提供了一次性编程的机会，这给用户仍然带来诸多不便。

7.2.2 可擦除可编程的只读存储器*

1. EPROM 的原理

如图 7.2.3 所示是 SIMOS（Stacked-gate Injection Metal-Oxide-Semiconductor）管的结构及存储单元。它是 N 沟道增强型 MOS 管，有两个重叠的栅极 —— 控制栅 G_c 和浮置栅 G_f。控制栅 G_c 用于读出和写入控制，浮置栅 G_f 被埋于 SiO_2 绝缘层中。

浮置栅 G_f 上未注入电子以前，在控制栅 G_C 上加正常的高电平将产生一个正向电场，导致 D、S 之间形成导电沟道，使 SIMOS 管导通。但是当浮置栅 G_f 上注入了电子后，在控制栅 G_C 上加正常的高电平就不能使 D、S 之间形成导电沟道，因为浮置栅 G_f 上的电子会产生一个反向电场，抵消控制栅 G_C 上加正常的高电平所形成的正向电场。

当 D、S 两极之间加较高电压（约 + 25 V）时，在 P 型半导体中会产生大量的空隙-电子对，此时对于要写入 1 的那些存储单元，在控制栅加高压脉冲（幅度约 + 25 V，宽度约 50 ms），电子在栅极电场的作用下向栅极方向漂移，其中动能较大的电子能够穿越薄薄的 SiO_2 绝缘层（$0.05 \sim 0.1\ \mu m$）的势垒到达浮置栅。当控制栅的高压脉冲撤销后，浮置栅上累积的电子不能突破 SiO_2 绝缘层的包围而长期存在。若定义浮置栅上累积了电子的 SIMOS 管存储的是 1，浮置栅上未累积电子的 SIMOS 管存储的是 0，那么芯片是可写入的。

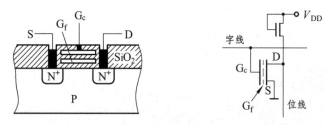

图 7.2.3 SIMOS 管的结构及存储单元

EPROM 芯片上有一个透明的石英窗口，通常石英窗口被非透明不干胶商标遮住。石英晶体对紫外线的吸收率很低，普通玻璃则不然。当用紫外线、X 射线等（只要频率比紫外线高）照射石英窗口十多分钟，浮置栅上的一个电子俘获一个光子（光电子的能量为 hv）后足以穿越 SiO_2 绝缘层的势垒而逃逸，则芯片被擦除。擦除后各存储单元的状态均为 0。

2. EEPROM 的原理

虽然 EPROM 具备可擦除重写的功能，但用紫外线擦除费时且麻烦。用电信号擦除的 EEPROM 芯片的擦除写入操作方便得多。

EEPROM 的存储单元采用一种叫作浮置栅隧道氧化层 MOS 管（Floating-gate Tunnel Oxide，简称 Flotox 管），其基本结构与 SIMOS 管相似，不同的是 Flotox 管在浮置栅与 D 极的 N^+ 区之间被一个极薄的氧化层（< 20 nm）隔离，而浮置栅与 S 极的 N^+ 区之间仍然是 SiO_2 绝缘层。

擦除状态下，在控制栅加约 + 20 V（脉宽约 10 ms）的电压，即 G_c 极对 D 极的电压为 + 20 V，使氧化层的电场强度高达 10^7 V/cm 以上，被此电场加速的 D 极 N^+ 区电子会穿越氧化层的势垒到达浮置栅，即产生电子隧道效应，从而使浮置栅上累积电子。擦除后各存储单元的状态均为 1。

写入状态下，对于写入 0 的那些存储单元，在其位线（D 极与位线连接）加 + 20 V 电压，即 G_c 极对 D 极的电压变为 – 20 V（脉宽 10 ms），在反向电场的作用下，浮置栅上累积的电子统统穿越氧化层的势垒向 D 极的 N^+ 区漂移。浮置栅上累积电子流失，即写入 0。

我们使用的 U 盘（Flash Memory）就是一种高速 EEPROM，因读/写速度远高于硬盘、光盘等辅助存储设备，所以又称之为闪速存储器。尽管 EEPROM 的读出速度已经非常接近 RAM 的读出速度了，但是 EEPROM 还是不能代替 RAM 成为 PC 机的主存。因为 RAM 的读和写是等时的，其读/写速度（存储周期）只有几十纳秒，而对 EEPROM 写入信息须经历先擦除后写入的过程，耗时长达毫秒级，这样长的写入操作是无法与高速的 CPU 同步的。当然我们期待既有 RAM 的读/写速度，又有 ROM 掉电后信息不丢失的那样一种存储器问世。

【说明】有了 EEPROM 只读存储器并非意味着 PROM 存储器就无用了。一般同型号单片机的程序存储器有 EEPROM 和 PROM 两种。在单片机的新产品研发阶段，因为程序要反复擦写调试，使用带 EEPROM 程序存储器的单片机才方便。但是 PROM 存储器结构简单，带 PROM 程序存储器的单片机芯片非常便宜。一旦研发成功需要大批量生产，则选用带 PROM 程序存储器的单片机芯片固化程序，可降低产品的硬件成本。

【例 7.2.1】 某工业流水线上有 I，II 两只机械手需进行群控操作，它们要完成平伸、平缩、上升、下降、左旋、右旋、握紧和松开共 8 个动作的循环。要求 I，II 两只机械手分时操作，即 I 动作时 II 停止，II 动作时 I 停止，每种动作由开关量控制且动作时间为 1 s。试用计数器和存储器设计其控制电路。

解：用 EPROM 芯片 Intel2716（2 K×8 bit）的 8 位数据输出端 $D_7 \sim D_0$ 来产生 8 种动作的开关量，即各个动作的编码分别为：平伸（01H）、平缩（02H）、上升（04H）、下降（08H）、左旋（10H）、右旋（20H）、握紧（40H）和松开（80H），如表 7.2.1 所示是两只机械手动作的秩序安排。将表 7.2.1 的代码写入 Intel2716 I 和 Intel2716 II 中。用 4 位同步计数器 74LS161 提供存储地址，即其计数输出端 $Q_3Q_2Q_1Q_0$ 与 2716 的地址端 $A_3A_2A_1A_0$ 对应连接，如图 7.2.4 所示。Intel2716 其余的地址线和编程控制线均接地，CP 端输入秒脉冲。

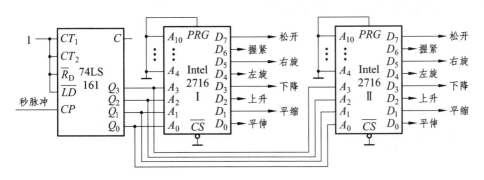

图 7.2.4 例 7.2.1 的电路

表 7.2.1　机械手动作代码次序表

机械手动作			存储地址及动作代码			机械手动作			存储地址及动作代码		
次序	机械手 I	机械手 II	地址	2716 I	2716 II	次序	机械手 I	机械手 II	地址	2716 I	2716 II
1	平伸	停止	00H	01H	00H	9	平缩	停止	08H	02H	00H
2	停止	左旋	01H	00H	10H	10	停止	右旋	09H	00H	20H
3	上升	停止	02H	04H	00H	11	左旋	停止	0AH	10H	00H
4	停止	平伸	03H	00H	01H	12	停止	握紧	0BH	00H	40H
5	握紧	停止	04H	40H	00H	13	松开	停止	0CH	80H	00H
6	停止	下降	05H	00H	08H	14	停止	上升	0DH	00H	04H
7	下降	停止	06H	08H	00H	15	右旋	停止	0EH	20H	00H
8	停止	松开	07H	00H	80H	16	停止	平缩	0FH	00H	02H

7.3　可编程逻辑器件

7.3.1　简单可编程逻辑器件

早期可编程逻辑器件（PLD）的逻辑规模都比较小，其结构是由简单的"与-或"门阵列及输入/输出单元组成的，主要有 PROM，PLA，PAL 和 GAL 等，简单 PLD 专指这些类型的芯片。

1. 电路符号的表示

常用的 EDA 软件采用以下特定的简化符号来表示逻辑电路符号。如图 7.3.1 所示的固定连接是指在 PLD 出厂时已连接。编程连接是指虽已连接，但用户可以通过编程将其设置为非连接。如图 7.3.2 所示为与阵列，其逻辑函数为 $Y = ACD$。如图 7.3.3 所示为或阵列，其逻辑函数为 $Y = A + B + D$。如图 7.3.4 所示为一对互补信号输入。图 7.3.5（a）表示熔丝未烧断，即 $Y = 0 \oplus A = A$；图 7.3.5（b）表示熔丝已烧断，即 $Y = 1 \oplus A = \bar{A}$。图 7.3.6 都是数据分配器，其中图 7.3.6（a）和图 7.3.6（b）是二选一电路，图 7.3.6（c）和图 7.3.6（d）是四选一电路。梯形下斜边的地址决定输出 Y 的状态，例如图 7.3.6（d）的地址为 10，所以 $Y = C$。

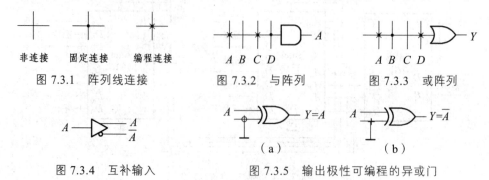

非连接　固定连接　编程连接		$A\ B\ C\ D$	$A\ B\ C\ D$
图 7.3.1　阵列线连接		图 7.3.2　与阵列	图 7.3.3　或阵列

$A \longrightarrow \dfrac{A}{\bar{A}}$

图 7.3.4　互补输入

$A \longrightarrow Y=A$ （a）　　$A \longrightarrow Y=\bar{A}$ （b）

图 7.3.5　输出极性可编程的异或门

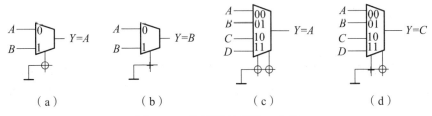

图 7.3.6　可编程的多选一电路

【例 7.3.1】 用 PROM 设计一位全加器，并画出 PROM 阵列图。

解： 三个变量 A_i，B_i 和 C_{i-1} 的全部逻辑最小项构成固定与阵列，这就是 PROM 的地址译码器。由一位全加器的逻辑函数式（1.3.5）决定可编程或阵列的连接，如图 7.3.7 所示。这是一个 8×2 的与—或阵列，有 8 条与线，2 条或线。

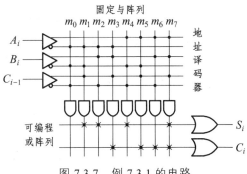

图 7.3.7　例 7.3.1 的电路

2. PLA

从图 7.3.7 可以看出乘积线 m_0 没有派上用途，即用一个 7×2 的与—或阵列就能构成一位全加器。一般一个逻辑函数并不包含全部逻辑最小项，但是 PROM 的与阵列是固定的，包含 n 个变量的全部逻辑最小项，用 PROM 表达逻辑函数就可能一些乘积线派不上用途而浪费了。如果与阵列同或阵列一样，也是可编程的，这样就可以最大限度地利用芯片资源，可编程逻辑阵列 PLA 就是一种与阵列、或阵列均可编程的 PLD。

【例 7.3.2】 用 PLA 设计 3-14 题，并画出 PLA 阵列图。

解： $F(D_3, D_2, D_1, D_0) = \sum m_i$（$i = 0, 3, 6, 9, 12, 15$），根据此式作 PLA 电路，如图 7.3.8 所示。这是一个 6×1 的与—或阵列，如果用 PROM 来设计则需要 16×1 的与—或阵列。

虽然 PLA 的芯片利用率高，但是需要求得逻辑函数的最简与或式，对于多输出函数需要提取、利用公共与项，这些变换和处理涉及复杂的算法。另外，PLA 的与阵列、或阵列均可编程会导致编程后器件的运行速度下降。基于上述原因 PLA 不适用普通用户进行 EDA 设计。

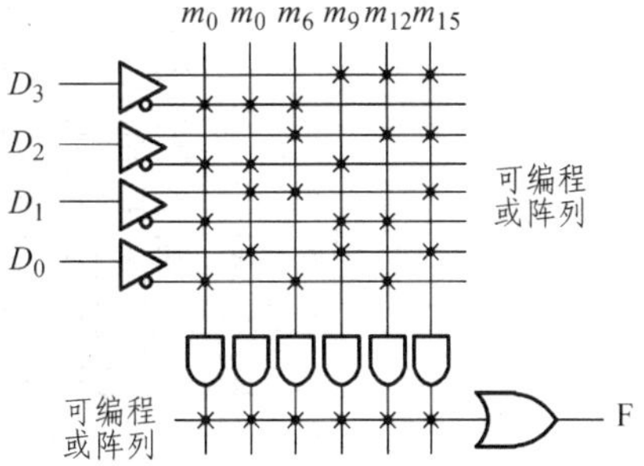

图 7.3.8　例 7.3.2 的电路

3. PAL

可编程阵列逻辑 PAL 是一种与阵列可编程、或阵列固定的 PLD。一片 PAL 芯片由多个与—或阵列块组成，每个与—或阵列块的输出端增加了可编程的输入/输出（I/O）结构，这些结构可以将一个与—或阵列块的输出反馈到另一个与—或阵列块的输入，从而可以构建乘积项数特别多的逻辑函数。PAL 的 I/O 结构中有触发器、三态缓冲器等元件，解决了时序逻辑电路的设计问题。但是为适应不同应用的需要，PAL 的输出结构很多，往往一种结构就是一种型号的 PAL 器件，设计者要根据不同功能的电路选择不同型号的 PAL 器件。此外，PAL 一般采用熔丝工艺生产，只能一次性编程。鉴于这些原因，目前在中小规模的数字逻辑设计中，PAL 已经被 GAL 取代。

4. GAL*

通用阵列逻辑 GAL 采用 EEPROM 工艺，具有可擦除重复编程的特点，GAL 沿用了 PAL 的与一或阵列，同时对 PAL 的 I/O 结构进行了改进，用输出逻辑宏单元 OLMC（Output Macro Cell）取而代之。

1）基本结构

如图 7.3.9 所示是 GAL16V8 的电路结构。它有 8 个 OLMC、8 个输入缓冲器、8 个三态输出缓冲器和 8 个反馈缓冲器。可编程与阵列由 8 个阵列块组成，每个阵列块是 8×32 的阵列，即每个阵列块可产生 8 个与项，整个与阵列一共可产生 64 个与项。32 条输入线分别与 8 个输入缓冲器和 8 个反馈缓冲器的 32 个输出端相连，其中偶数号输入线分别同各缓冲器的原变量输出端相连，而奇数号输入线分别同各缓冲器的反变量输出端相连。或阵列由 8 个或门组成。

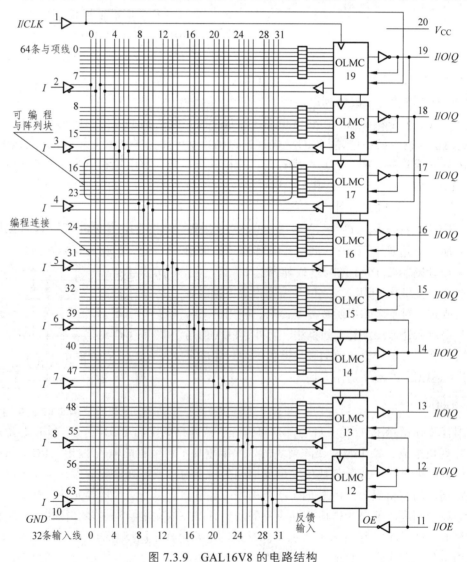

图 7.3.9　GAL16V8 的电路结构

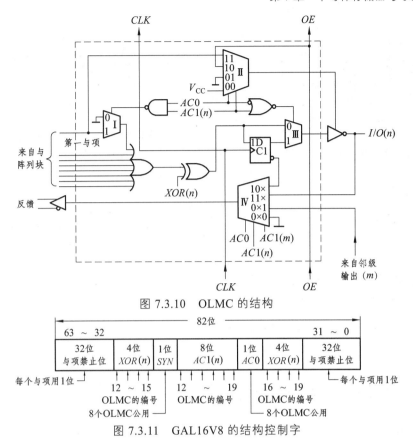

图 7.3.10　OLMC 的结构

图 7.3.11　GAL16V8 的结构控制字

2）输出逻辑宏单元及结构控制字

如图 7.3.10 所示是 OLMC 的结构，其中的（n）表示 OLMC 的编号，（m）表示邻级 OLMC 的编号。OLMC 有 4 个多选一电路，通过不同的选择方式可以产生多种输出结构，这些输出结构又分别属于三种模式，一旦确定了某种模式，GAL 芯片中所有的 OLMC 都将工作在同一模式下。如图 7.3.11 所示是 GAL16V8 的结构控制字，通过对 GAL16V8 的结构控制字编程，可设置 OLMC 的工作模式及逻辑组态。对 GAL 的编程可以使用 VHDL 语言，在 MAX + plus Ⅱ 的环境下实现。

3）工作模式及逻辑组态

GAL16V8 的 OLMC 的工作模式由其结构控制字的 SYN 和 $AC0$ 两位设定：$SYN\,AC0 = 01$，将各 OLMC 设定为寄存器模式；$SYN\,AC0 = 11$，将各 OLMC 设定为复杂模式；$SYN\,AC0 = 10$，将各 OLMC 设定为简单模式。OLMC 的三种模式又细分 7 个逻辑组态，如图 7.3.12 所示。

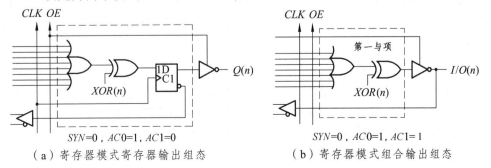

（a）寄存器模式寄存器输出组态　　　　（b）寄存器模式组合输出组态

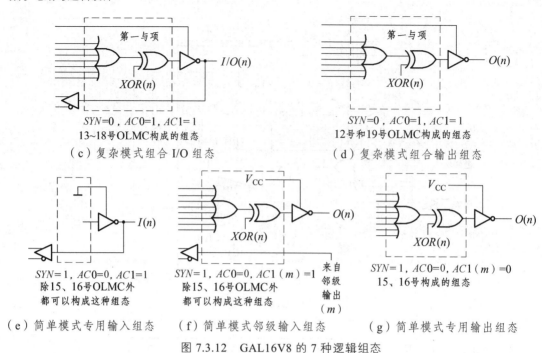

（c）复杂模式组合 I/O 组态　　　　　　　　（d）复杂模式组合输出组态

（e）简单模式专用输入组态　　（f）简单模式邻级输入组态　　（g）简单模式专用输出组态

图 7.3.12　GAL16V8 的 7 种逻辑组态

7.3.2　大规模可编程逻辑器件*

1. CPLD

复杂可编程逻辑器件 CPLD（Complex Programmable Logic Device）是从 GAL 的逻辑结构发展起来的，依然是由与阵列、或阵列、输入缓冲器和输出逻辑宏等单元组成。CPLD 的与阵列比 GAL 大得多，但不是数量上的简单扩充，而是将整个逻辑划分为多个逻辑阵列块，每个逻辑阵列块比一个 GAL 的规模还大，各个逻辑阵列块之间通过片内总线实现逻辑互连。下面以 Altera 公司的 MAX7000S 系列器件为例，介绍 CPLD 的结构和工作原理。

MAX7000S 系列器件的结构包含五个主要部分：逻辑阵列块、宏单元、扩展乘积项（共享和并联）、可编程连线阵列和 I/O 控制块。

1）逻辑阵列块（LAB）

如图 7.3.13 所示是 MAX7128S 的基本结构，16 个 LAB 通过可编程连线阵 PIA（Programmable Interconnect Array）和全局总线实现逻辑互联。全局总线从所有的专用输入、I/O 引脚和宏单元馈入信号。对于每个 LAB 的输入信号来自三方面：① 来自作为通用逻辑输入的 PIA 的 36 个信号；② 全局控制信号，用于寄存器辅助功能；③ 从 I/O 引脚到寄存器的直接输入通道。

2）宏单元

MAX7000 的一个 LAB 由 16 个宏单元的阵列组成，如图 7.3.14 所示，宏单元由三个功能块组成：逻辑阵列、乘积项选择矩阵和可编程触发器，它们可单独地配置为时序逻辑和组合逻辑工作方式。其中逻辑阵列实现组合逻辑，可以给宏单元提供 5 个乘积项。乘积项选择矩阵分配这些乘积项作为到与门和异或门的主要逻辑输入，以实现组合逻辑函数；或者将这些乘积项作为清零（Reset）、置位（Set）、时钟（CP）信号送可编程触发器。可以单独将其设置为 D，T，JK 或 SR 触发器，也可将其旁路掉，实现组合逻辑工作方式。

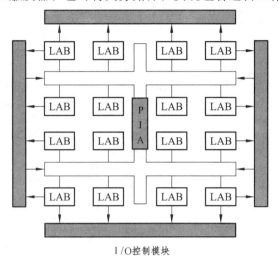

图 7.3.13　MAX7128S 的结构

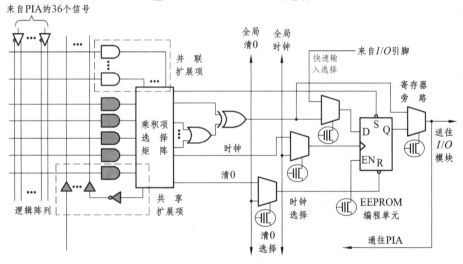

图 7.3.14　MAX7000 系列的宏单元结构

3）扩展乘积项

宏单元中的 5 个乘积项能够实现大多数逻辑函数，但更为复杂的逻辑函数需要附加乘积项。这种情况下，可以利用共享扩展乘积项和并联扩展乘积项（简称扩展项），这两种扩展项作为附加的乘积项直接送到本 LAB 的任意一个宏单元中。

（1）共享扩展项：共享扩展项由每个宏单元提供一个单独的乘积项，通过非门取反后反馈到逻辑阵列中，可被 LAB 内任何一个或全部宏单元使用，以实现复杂的逻辑函数。

（2）并联扩展项：并联扩展项是宏单元中一些没有被使用的乘积项，可以分配到邻近宏单元去实现复杂的逻辑函数。最多可以使用 20 个乘积项直接送往宏单元的或阵列，其中 5 个乘积项由本宏单元提供，另外 15 个并联扩展项是从同一 LAB 中的其他 15 个宏单元借来的。

4）可编程连线阵列 PIA

所有的 LAB 通过在 PIA 上布线，以相互连接构成所需的逻辑。如图 7.3.15 所示，PIA 是一种可编程通道，MAX7000S 器件的专用输入、I/O 引脚和宏单元输出都连接到 PIA，而 PIA 可将这些信号送到整个器件的各个地方。

5）I/O 控制块

如图 7.3.16 所示，I/O 控制块允许每个 I/O 引脚单独被配置为输入、输出或双向工作方式。所有的 I/O 引脚一个三态缓冲器，它的控制信号来自一个多选一电路，可以选择电源、地或 6 个全局输出使能信号之一。6 个全局输出使能信号来自两个输出使能信号（OE_1，OE_2）、I/O 引脚或宏单元。

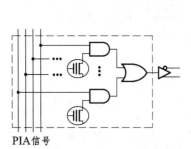

图 7.3.15　PIA 信号布线到 LAB 的方式

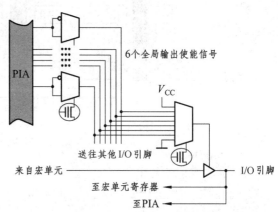

图 7.3.16　MAX7218S 的 I/O 模块

2. FPGA

现场可编程门阵列 FPGA（Field Programmable Gate Array）是基于查找表 LUT（Look Up Table）逻辑结构的大规模可编程逻辑器件，LUT 是可编程的最小逻辑构成单元。下面以 Altera 公司的 FLEX10K 系列器件为例，介绍 FPGA 的结构和工作原理。

FLEX10K 主要由嵌入式阵列块、逻辑阵列块、快速通道和 I/O 单元四部分组成，其中，逻辑阵列块由多个逻辑单元构成。如图 7.3.17 所示是 FLEX10K 的内部结构图。

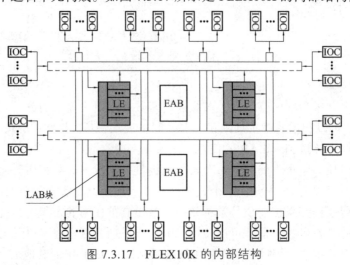

图 7.3.17　FLEX10K 的内部结构

1）查找表的逻辑原理

如图 7.3.18 所示是一个三变量输入的查找表，它由 $2^3 \times 1$ bit 的 SRAM 和多个二选一电路组成的。从表 7.3.1 可以看出逻辑函数 Y 的取值就是存储在 SRAM 中的值，$Y = m_0 + m_3 + m_5 + m_6$，即查找表中的 SRAM 存储的是逻辑函数标准式 1。一个 N 输入的查找表需要 $2^n \times 1$ bit 的 SRAM，N 不可能太大，否则 LUT 的利用率低，FLEX10K 的 LUT 是一个四输入的查找表。对于输入多于 4 个的逻辑函数要用几个 LUT 结合起来实现。

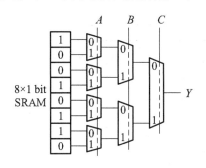

图 7.3.18　查找表的结构

表 7.3.1　图 7.3.17 的真值表

A	B	C	Y	A	B	C	Y
0	0	0	1	1	0	0	0
0	0	1	0	1	0	1	1
0	1	0	0	1	1	0	1
0	1	1	1	1	1	1	0

2）逻辑单元（LE）

如图 7.3.19 所示，LE 是 FLEX10K 结构中的最小单元，它包括一个 4 输入的 LUT、一个可编程触发器、一个进位链和一个级联链。进位链提供 LE 之间并行进位功能，级联链可以实现多扇入数的逻辑函数。可编程触发器可以单独设置为 D，T，JK 或 SR 触发器，也可将其旁路掉，实现组合逻辑工作方式。该触发器的时钟、清零和置位信号可由全局信号通用 I/O 引脚或任何内部逻辑驱动。

每个 LE 有两个输出分别可以驱动局部互连和快速通道（Fast Track）互连。这两个输出可以单独控制，即在一个 LE 中 LUT 驱动一个输出，触发器驱动另一个输出。这样可以在一个 LE 中完成两个不相干的功能，提高 LE 的资源利用率。

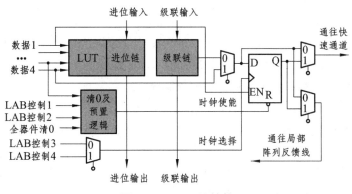

图 7.3.19　LE 的结构

FLEX10K 的 LE 共有 4 种工作模式：正常模式、运算模式、加减计数器模式和可清零计数器模式。每种模式 LE 的 7 个可用输入信号被连接到不同的位置，以实现所要求的逻辑功能。这 7 个输入信号是来自 LAB 局部互连的 4 个数据输入，来自可编程触发器的反馈信号以及前一个 LE 的进位输入和级联输入。LE 的另外三个输入为触发器提供清零、置位和时钟信号，触发器还有一个时钟使能信号由数据 1 提供，利于实现全同步设计。

3）逻辑阵列 LAB（Logic Array Block）

如图 7.3.20 所示是逻辑阵列 LAB 结构，每个 LAB 由 8 个 LE、与 LE 相连的进位链和级联链、LAB 控制信号与 LAB 局部互连线组成。

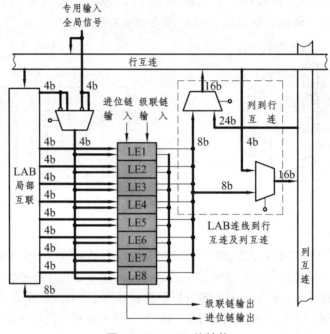

图 7.3.20　LAB 的结构

4）快速通道（Fast Track）

LE 和 I/O 引脚之间的连接是通过快速通道连接的，快速通道遍布于整个器件，是一系列水平走向（行互连）和垂直走向（列互连）的连续式布线通道。

5）I/O 单元与专用输入端口

I/O 引脚是由一些 I/O 单元（IOE）驱动的，IOE 位于快速通道的行和列的末端。IOE 包含一个双向 I/O 缓冲器和一个可编程触发器。FLX10K 还提供了 6 个专用输入引脚，这些引脚使用专用布线通道直接送达 IOE 触发器的控制端。

6）嵌入式阵列块 EAB（Embedded Array Block）

嵌入式阵列块 EAB 是在输入、输出口上带有寄存器的 RAM 块。每个 EAB 提供的 RAM 为 2 048 bit，根据需要可方便地将其配置为 256×8 bit，521×4 bit，1 024×2 bit 或 2 048×1 bit。当 EAB 用来实现计数器、地址译码器、状态机、乘法器、微控制器以及 DSP 等复杂逻辑时，每个 EAB 可以贡献 100～600 的等效门。

习　题

7-1　SRAM 芯片 6116 的容量为 2 K×8 bit，该芯片的地址引脚有多少条，数据引脚有多少条？用该芯片组成 32 KB 的存储器需要多少片？至少需要多少位地址译码产生各芯片的片选信号？

7-2　设 CPU 共有 16 根地址线，8 根数据线，$R/\overline{W}$ 为 CPU 输出的读写控制信号，高电平读，低电平写。现有两种存储芯片 ROM（8 K × 8 bit），SRAM（8 K × 8 bit）若干片，及 3 ～ 8 线译码器 74LS138。给此 CPU 设计存储器电路，要求最低 16 K 地址为系统程序区（固化），最后 32 K 地址为用户程序区。

7-3　从阵列的可编程性出发，说明 ROM，PLA，PAL 和 GAL 各自的特点。

7-4　将图 7.2.1 与图 7.3.7 进行比较，ROM 电路的地址译码器对应于什么？ROM 电路的存储矩阵对应于什么？用 ROM 实现一个含 n 个变量的逻辑函数，ROM 的容量至少要多大？用 ROM 实现 m 个逻辑函数，其中的逻辑函数最多含 n 个逻辑变量，那么 ROM 的容量至少要多大？

7-5　用 PROM 实现下列逻辑函数，画出 PROM 阵列图。

$$Y_1 = ABC + ABD + \overline{CD} + A\overline{B}C + \overline{A}C\overline{D} + ACD$$
$$Y_2 = A\overline{B} + \overline{A}C + BC + \overline{C}D$$
$$Y_3 = \overline{AB} + B\overline{C} + \overline{A} + \overline{B} + ABC$$

7-6　用 ROM 芯片存放乘法表可以代替乘法运算器。例如，用 256×8 位的 ROM 芯片可以构成 4 位乘法运算器，该芯片的高 4 位地址表示被乘数，低 4 位地址表示乘数，每个存储字中存储对应乘积值。若有两片 64 K×8 位的 ROM 芯片，如何连接构成 8 位乘法运算器？

7-7　用 PLA 实现下列逻辑函数，画出 PLA 阵列图。

$$Y_1 = \overline{AB} + AC + \overline{B}C$$
$$Y_2 = A\overline{B}\overline{C} + \overline{AB} + \overline{A}D + C + BD$$

7-8　用 PROM 实现 8 选 1 数据选择器 74LS151，画出 PROM 阵列图。

7-9　用 PROM 实现驱动共阴极七段数码管的电路，画出 PROM 阵列图。

7-10　用计数-访存输出法实现习题 4-30，画出 PROM 阵列图。

7-11　用 4 输入的查找表实现逻辑函数 $Y = ABC + \overline{A}CD + \overline{AB}\overline{D} + ABD + A\overline{B}C\overline{D}$，画出查找表结构图。

7-12　GAL 的 OLMC 有多少种工作模式及组态，是由什么决定其工作模式及组态的？

7-13　什么是基于乘积项的可编程逻辑结构，什么是基于查找表的可编程逻辑结构？

7-14　分别用 PROM 实现电路：①四人表决器；②四舍五入电路；③奇校验电路；④余 3 码判断电路。

第8章 硬件描述语言 VHDL

VHDL（Very High Speed Intergrated Circuit Hardware Description Language）语言是目前电子设计的主流硬件描述语言。该语言具有很强的电路描述和建模能力，主要用于描述数字系统的结构、行为、功能和接口。作为一种标准化语言，VHDL 的设计描述与具体硬件电路和设计平台无关，VHDL 支持硬件的设计、验证、综合和测试，能从多个层次对数字系统进行描述。这些描述可以是从抽象的系统级到具体的寄存器传输级（RTL），直至逻辑门级的描述。

8.1 VHDL 程序结构

一般 VHDL 程序由五部分组成：实体、结构体、配置、程序包和库。实体用于描述系统的外部特征，结构体用于描述系统的内部结构，配置用于从库中选取所需单元来组成系统，程序包存放各个设计模块能共享的数据类型、常数和程序等，库用于存放已编译的实体、结构体、程序包和配置等。

8.1.1 实体与结构体

将实体与结构体同一块集成电路芯片作类比，实体描述的是这块芯片的外部特征，即此芯片有哪些引脚（实体中称为端口），这些引脚有怎样的属性；结构体描述的是此芯片内部的电路。

1. 实　体

（1）实体语句：

```
entity  实体名  is
   [generic（类属表）; ]
    [port（端口表）; ]
  end  entity  实体名;
```

用户定义的实体名由关键字 entity 引导，MAX + plus Ⅱ要求实体名必须与 VHDL 源程序文件名保持一致。

（2）类属说明语句：

```
generic（常数名：数据类型[：设定值];
            {常数名：数据类型[：设定值]}）;
```

类属表由关键字 generic 引导，表中规定端口的大小、实体中元件的数目和实体的定时参数等。类属不同于常数，常数只能从实体内部赋值且不能改变，而类属值可以由设计实体外部提供。设计者可以通过类属参数的重新定义而改变一个设计实体或一个元件的内部电路结构和规模。

（3）端口说明语句：

　　port（端口名：端口模式　数据类型；

　　　　{端口名：端口模式　数据类型}）；

端口模式有 4 种定义：in（输入型）、out（输出型）、inout（输入输出型）和 buffer（缓冲型）。buffer 型相当于端口前有一个反馈缓冲器，当需要输入数据时，它可以将要输出的数据又反馈回实体内部的某节点。而 inout 只允许数据流入或流出实体。

2. 结构体

（1）结构体语句：

　　architectrue　结构体名　of　实体名　is

　　　　[说明语句]

　　begin

　　　　[功能描述语句]

　　end architectrue　结构体名；

（2）结构体说明语句：对结构体的功能描述语句中涉及的信号、数据、常数、元件、函数和过程等加以说明。结构体说明包括常数说明、数据类型说明、信号说明、子程序说明以及例化元件说明等。

（3）功能描述语句：对结构体的内部结构作行为描述、结构描述和数据流描述。功能描述语句包括进程语句、信号赋值语句、子程序调用语句、元件例化语句和块语句等。

【例 8.1.1】　3 位二进制加 1 计数器（"--" 双减号是 VHDL 程序的专用注释符）。

```
library   ieee;                      --打开 ieee 库
use   ieee.std_logic_1164.all;       --打开 ieee 库中的程序包后，CP，Q 的数据类型被定义
use   ieee.std_logic_unsigned.all;   --打开 ieee 库中的程序包，可以进行运算 Q1+1
entity   CNT3   is
    port（CP:in std_logic;                      --定义输入时钟 CP
          Q:out std_logic_vector（2 downto 0）)；  --定义输出信号 Q
end   entity   CNT3；
architectrue   INC   of   CNT3   is
    signal   Q1: std_logic_vector（2 downto 0）；    --定义结构体的内部信号 Q1
    begin
        process（CP）begin
            if   CP'event   and   CP='1'   then    --CP 的上升沿使计数器加 1
                Q1<=Q1+1；
```

```
            end if;
                Q<=Q1;                          --内部信号 Q1 的值送端口 Q 输出
        end process;
    end architectrue    INC;
```

8.1.2　库、程序包、配置

库是 VHDL 程序设计的公共资源，可以把库看成是一种用来存储预先完成的程序包、数据集合体和元件的仓库。为了使已定义的常数、数据类型、元件调用说明以及子程序能被其他的设计实体方便地访问和共享，可以将它们收集在一个 VHDL 程序包中。多个程序包可以并入一个 VHDL 库，使之适用于更一般的访问和调用范围。

1. 库（library）

库语句：

```
    library    库名;                      --打开指定的库
```

例 8.1.1 源程序中的第一句表示打开 ieee 库。ieee 库是 VHDL 设计中最重要的库，其中包括 std_logic_1164, std_logic_unsigned, std_logic_arith 等程序包。库分为 5 种：ieee 库、std 库、asic 库、work 库和用户定义库。

因为在 ieee 库中符合 IEEE 标准的程序包并非符合 VHDL 标准，如 std_logic_1164 程序包和 std_logic_unsigned 程序包，所以在使用时必须声明。例如例 8.1.1 源程序中的第 1, 2 句，如果不给予声明则例 8.1.1 源程序中端口 CP 和 Q 的数据类型因未定义而无意义；如果没有第 3 句则不能进行运算 Q1 + 1，因为两个加数的数据类型不一致。而 std 库符合 VHDL 标准，故在使用时不必声明。work 库是用户的 VHDL 设计的现行工作库，用于存放用户设计和定义的一些设计单元和程序包，自动满足 VHDL 标准，在使用时不必声明。

2. 程序包（package）

在 VHDL 中，常数说明、数据类型说明、元件调用说明以及子程序说明等在某设计实体说明后，不能为其他设计实体所引用，程序包就是为了使一组常数说明、数据类型说明、元件调用说明以及子程序说明等内容能够被所有的设计实体所引用，前提是先打开此程序包。

（1）程序包由包首和包体组成，其一般格式为：

```
    package    程序包名    is
        程序包首说明部分
    end    程序包名;
    package body    程序包名    is
        程序包体说明部分以及包体内容
    end    程序包名;
```

（2）程序包打开语句：

```
use    库名.程序包名.项目名;        --打开指定库中特定程序包所选定的项目
use    库名.程序包名.all;          --打开指定库中特定程序包内所有的内容
```

3. 配置（configuration）

配置可以把特定的结构体指定给一个确定的实体。通常在大而复杂的 VHDL 工程设计中，配置语句可以为实体配置一个结构体。配置语句还能用于对元件的端口连接进行重新安排，用端口映射把新元件映射到相应的信号上去，这种功能为设计选用和修改元件增加了灵活性。

配置语句：

```
configuration    配置名    of    实体名    is
    配置说明
end    配置名;
```

8.2 VHDL 的数据对象、数据类型及操作符

8.2.1 VHDL 文字

1. 数　字

（1）十进制数：十进制整数表示无小数点，十进制实数表示要加小数点。

整数：0，12，386，23E3（= 23 000），87_123（= 87 123）

实数：0.05，1.0，3.14，2.3E-3（= 0.002 3），34_5.5_43（= 345.543）

（2）各种进制数据的表示：用该进制的基、数和指数三部分表示之，即"基 # 数 # 指数"。"基"和"指数"用十进制数表示，各部分之间用"#"隔离，如果指数为 0 可以省略。

二进制数：2#1101#（= 13），2#1011# E3（= 1011000）

十六进制数：16#5A#（= 90），16#A#E1（= 160）

2. 字符串

（1）字符：用单引号界定。例如：'Z'，'H'，'L'，'O'。

（2）文字字符串：用双引号界定。例如："High"，"true"。

（3）位矢量（数位字符串）：是 VHDL 预定义的数据类型 bit 的一维数组。位矢量的第一个字母 B，O，X 分别表示二进制、八进制、十六进制，其后是用双引号界定的数字。例如：

二进制数组：B "10011"（长度是 5），B "1_0101_0011"（长度是 9）。

八进制数组：O "25"（长度是 6），O "12_34"（长度是 12）。

十六进制数组：X "AB"（长度是 8），X "1C_0C"（长度是 16）。

3. 标识符

标识符用来定义常数、变量、信号、端口、子程序、实体名、结构体名和参数等。标识符以字母领头，后面可跟字母、数字或下划线，下划线不能连用且不能作结束符。

4. 下标名及下标段名

下标名用于指示数组型变量或数组类型信号的某一元素，而下标段名用于指示数组型变量或信号的某一段元素，其语句格式为：

数组类型信号名/数组类型变量名（表达式 1 [to/downto　表达式 2]）；

表达式的值必须在数组元素下标范围以内，且是可计算的。to 表示数组下标序列由低到高，如 "0 to 7"；downto 表示数组下标序列由高到低，如 "7 downto 0"。

8.2.2　VHDL 数据对象

1. 常量（constant）

常量的设置主要是为了使设计实体中的常数容易阅读和修改。例如将位矢量的宽度定义为一个常量，只要修改这个常量就很容易地改变设计实体的规模。常量的有效范围取决于它所定义的位置。在程序包中定义的常量对调用此程序包的所有设计实体有效，在实体中定义的常量对属于这个实体的所有结构体有效，在结构体中定义的常量只能用于此结构体，在进程（process）中定义的常量只能用于此进程。常量的定义格式为：

constant　常量名：数据类型：= 表达式；

【例 8.2.1】

constant　DAT1:integer: = 16；　　　　　　　　--整数型
constant　VEC:std_logic_vector: = "11010111"　--长度为 8 的标准位矢量常量

2. 变量（variable）

变量作为局部量，其有效范围仅限于定义它的进程或子程序中。变量定义后可以多次对它赋值，所赋的值必须与变量定义的数据类型一致。变量定义的格式为：

variable　变量名：数据类型：= 初始值；　　　　--定义变量
变量名：= 表达式；　　　　　　　　　　　　　--给变量赋值

3. 信号（signal）

信号是描述硬件系统的基本数据对象，它类似于连接线。信号可以作为设计实体中并行语句模块间的信息交流通道。信号的定义范围是实体、结构体和程序包，在进程和子程序中不允许定义信号。在程序包中定义的信号对调用此程序包的所有设计实体有效，在实体中定义的信号对属于这个实体的所有结构体有效。

在进程中只能将信号列入敏感表，而变量不能列入敏感表。或者说（敏感表中）信号的改变才会启动进程的发生，而变量则不然。

signal　信号名：数据类型：= 初始值；　　　　--定义信号
信号名<= 表达式；　　　　　　　　　　　　　--给信号赋值

8.2.3　VHDL 数据类型

VHDL 是一种强类型语言，要求设计实体中的每一个常数、信号、变量、函数以及设定

的各种参数都必须具有确定的数据类型，并且相同数据类型的量才能互相传递和作用。VHDL
中的数据分为四大类：标量型、复合类型、存取类型和文件类型。

标量型：包括实数类型、整数类型、枚举类型和时间类型。

复合类型：可以由小的数据类型复合而成，主要有数组型和记录型。

存取类型：为给定的数据类型的数据对象提供存取方式。

文件类型：用于提供多值存取类型。

这四类数据类型又可分为在现成的程序包中可以随时获得的预定义数据类型和用户自定
义的数据类型。

1. VHDL 的预定义数据类型

VHDL 的预定义数据类型可以直接被用户使用，不必打开标准程序包 standard。

（1）布尔（boolean）数据类型：二值枚举型数据类型，其取值为 false（假）/true（真）。
用于关系运算的返回值。

（2）位（bit）数据类型：二值枚举型数据类型，其取值为 0/1。位数据类型的数据对象
是变量、信号等，可以参与逻辑运算。

（3）位矢量（bit_vector）数据类型：是基于 bit 数据类型的一维数组。

（4）字符（character）数据类型：用单引号界定的单个 ASCII 码字符。

（5）字符串（string）数据类型：用双引号界定的 ASCII 码字符串，是基于字符数据类型
的一维数组。

（6）整数（integer）数据类型：在 VHDL 中整数的取值为 32 位补码（ $-2^{31} \sim +2^{31}-1$ ），
但在定义变量或信号时要用 range 子句限定范围。

（7）自然数（natural）和正整数（positive）数据类型：整数数据类型的子集。

（8）实数（real）数据类型：通常情况下，实数类型仅能在 VHDL 仿真器中使用，VHDL
综合器不支持实数。

（9）时间（time）数据类型：时（hr）、分（min）、秒（sec）、毫秒（ms）、微秒（μs）、
纳秒（1 ns $= 10^{-9}$ s）、皮秒（1 ps $= 10^{-12}$ s）、飞秒（1 fs $= 10^{-15}$ s）。

2. IEEE 预定义的标准逻辑位与矢量

在 ieee 库的程序包 std_logic_1164 中，定义了标准逻辑位和标准逻辑位矢量。使用前要
打开 ieee 库和程序包 std_logic_1164。

（1）标准逻辑位（std_logic）数据类型：枚举型数据类型，定义了 9 个值，分别是 'U'
（未初始化的）、'X'（强未知的）、'0'（强 0）、'1'（强 1）、'Z'（高阻）、'W'（弱未知的）、
'L'（弱 0）、'H'（弱 1）和 '-'（忽略）。

（2）标准逻辑位矢量（std_logic_vector）数据类型：基于标准逻辑位的一维数组。

在 ieee 库的其他程序包中还定义了另外一些数据类型，但是上述介绍的数据类型在大多
数情况下足够使用，另外用户也可以用 type 语句自定义数据类型。

8.2.4　VHDL 操作符

在 VHDL 中有四类操作符：逻辑操作符、算术操作符、关系操作符和重载操作符。前三

类是完成逻辑和算术运算的基本操作符，重载操作符是对基本操作符作了重新定义的函数型操作符。VHDL 的前三类操作符如表 8.2.1 所示。

表 8.2.1　VHDL 操作符列表

操作符类型	操作符	功　　能	操作数据类型	说　　明
逻辑操作符	and	逻辑与	bit 型 boolean 型 std_logic 型	
	or	逻辑或		
	nand	逻辑与非		
	nor	逻辑或非		
	xor	逻辑异或		
	not	逻辑非		
关系操作符	=	等于	任何数据类型	
	/=	不等于		
	>	大于	枚举与整数类型以及对应的一维数组。	
	<	小于		
	>=	大于等于		
	<=	小于等于		
加、减、并置操作符	+	加	整数类型	
	−	减		
	&	并置	一维数组	
正、负操作符	+	正	整数类型	
	−	负		
乘、除、求模、取余操作符	*	乘	整数类型 实数类型	硬件资源占有率大
	/	除		
	mod	求模	整数类型	MAX + plus Ⅱ 不支持这 4 种运算。 乘方以 2 为底数
	rem	取余		
乘方、绝对值操作符	**	乘方	整数类型	
	abs	取绝对值		
移位操作符	sll	逻辑左移	bit 或 boolean 型的一维数组	VHDL'93 标准新增的操作符。
	srl	逻辑右移		
	sla	算术左移		
	sra	算术右移		
	rol	逻辑循环左移		
	ror	逻辑循环右移		

各种操作符由高到低的优先级是：（not，abs，**）→（rem，mod，*，/）→（正、负）→（+，−，&）→（移位操作符号）→（关系操作符）→（逻辑操作符）。

操作符可以直接产生电路。就提高综合效率而言，使用常量或简单的一位数据类型能够生成较紧凑的电路，而表达式复杂的数据类型（如数组）将相应地生成更多的电路。如果组合表达式的一个操作数是常数，就能减少生成的电路；如果两个操作数都是常数，在编译时相应的逻辑被压缩掉，而生成零个门。在任何可能的情况下，使用常数意味着设计描述省去了不必要的函数，由此综合出来的电路更简单有效。

为了方便各种不同数据类型之间进行运算，VHDL 允许用户对原有的基本操作符重新定义，赋予新的含义和功能，从而建立一种新的操作符，即重载操作符。定义这种操作符的函数称为重载函数，其实在程序包 std_logic_unsigned 中就提供多种重载函数。

8.3　VHDL 基本语句

VHDL 的语句分为两大类，一类是顺序执行语句，另一类是并行执行语句。顺序执行语句的特点是执行（指仿真执行）顺序是与其书写顺序基本一致的，但其相应的硬件逻辑工作方式未必如此，VHDL 语言的软件行为与描述综合后的硬件行为是有差异的。顺序语句只能出现在进程和子程序中，一个进程是由一系列顺序语句组成的，然而进程本身属于并行语句。进程由敏感表中的信号启动，每次启动只能执行进程中的某一条顺序语句。并行语句的执行是同步进行的，其执行方式与书写顺序无关。在执行中，并行语句内部的语句之间可以有信息往来，也可以是互为独立的、互不相干的、同步的或异步的。并行语句的内部的语句运行方式又可以是并行执行方式（如块语句）或者顺序执行方式（如进程语句）。

8.3.1　顺序语句

1. 赋值语句

信号和变量的赋值都是在信号和变量已定义的前提下。变量与信号赋值的区别在于变量具有局部特征，它的有效范围限制在所定义的一个进程或一个子程序中，它是一个局部的、暂时性的数据对象，对于它的赋值是在进程已启动下立即发生的，即是一种时间延迟为零的赋值行为。

信号则不同，信号具有全局特征，它不但可以作为一个设计实体内部各单元之间数据传送的载体，而且可通过信号与其他实体进行通信（端口本质上也是一种信号）。信号的赋值并不是立即发生的，它发生在一个进程的结束时。信号的赋值过程总是有延时的，综合后可以找到与信号对应的硬件结构，如一根传输导线、一个输入输出端口或一个 D 触发器。但是，在某些条件下变量赋值行为与信号赋值行为所产生的硬件结果是相同的，如都可以向系统引入寄存器。

信号赋值语句与变量赋值语句：

信号名<=表达式；

变量名：=表达式；

【例 8.3.1】

variable　X，Y:integer range 0 to 15;	--定义 X，Y 为 0～15 之间的整数型变量
variable　A，B:std_logic_vector(3 downto 0);	--定义 A，B 为长度是 4 的标准位矢量变量
signal　C，D:std_logic_vector(7 downto 0);	--定义 C，D 为长度是 8 的标准位矢量信号
signal　E:boolean;	--定义 E 为布尔型信号

......

X:=3；

Y:=X+1；

A(0 to 1):= A(3 to 4)；　　　　　　--变量 A 的高 2 位的值赋给低 2 位

B:=(others=>'0')；　　　　　　　　--others 是省略赋值操作符，给变量 B 赋值为"0000"

A:='1'&B(1)& B(2)&'1'；　　　　--&是并置操作符，给变量 A 赋值为"1001"

C(7 downto 1)<=C(6 downto 0)；　--信号 C 左移 1 位

D<=(7=>'1'，6=>'1'，others=>'0')； --给信号 D 赋值为"11000000"

E<=(A<B)；　　　　　--若位矢 A 小于位矢 B 则给信号 E 赋值为 true，否则为 false。两个数
　　　　　　　　　　　组比较大小是从左到右逐一进行的，当某一对元素不等就确定其大小
　　　　　　　　　　　关系，例如"1011"大于"101011"

2. 条件转移语句

```
If  条件   then
    顺序语句 1；          --条件为真（ture）执行顺序语句 1 后结束 if 语句
[else
    顺序语句 2]；         --条件为假（false）执行顺序语句 2 后结束 if 语句
end if；
```

【例 8.3.2】 用条件转移语句完成二选一电路：当 $S=0$ 时 $Y=A$，否则 $Y=B$。

```
entity   S2_1   is
    port(A，B，S:in bit)；   --定义输入端口 A，B
              Y:out bit)；   --定义输出端口 Y
end entity   S2_1；
architecture   SEL   of   S2_1   is
    begin
        process(A，B，S)    begin
            if   S='0'   then
                Y<=A；
            else
                Y<=B；
            end if；
        end process；
end architecture   SEL；
```

【例 8.3.3】 用条件语句完成 8～3 优先编码器：高电平输入有效，二进制原码输出。

```
library ieee；
use ieee.std_logic_1164.all；
entity   C8_3   is
    port(I:in std_logic_vector(0 to 7)；
        Y: out std_logic_vector(0 to 2))；
```

```
end C8_3;                          --可以省略关键字 entity
architecture   COD   of   C8_3   is
    begin
        process (I)   begin
            if   I(7)='1'   then   Y<="111";
            elsif   I(6)='1'   then   Y<="110";      --elsif 等价于 else if
            elsif   I(5)='1'   then   Y<="101";
            elsif   I(4)='1'   then   Y<="100";
            elsif   I(3)='1'   then   Y<="011";
            elsif   I(2)='1'   then   Y<="010";
            elsif   I(1)='1'   then   Y<="001";
            else   Y<="000";
            end if;
        end process;
end COD;                           --可以省略关键字 architecture
```

3. case 分支语句

```
case   表达式   is
    when   选择值 1=>顺序语句 1;        --当表达式等于选择值 1 时执行顺序语句 1
    when   选择值 2=>顺序语句 2;        --当表达式等于选择值 2 时执行顺序语句 2
    ……
    when   others=>顺序语句 n;          --当表达式不等于上述选择值时执行顺序语
                                         句 n
end case;
```

选择值的表达方式有：① 单个数据，如 3；② 数据范围，如（1 to 3），表示 1，2，3；③ 并列数据，如 3|5，表示 3 或 5。

【**例 8.3.4**】 用 case 分支语句完成 3~8 译码器：二进制原码输入，高电平输出有效。

```
library ieee;
use ieee.std_logic_1164.all;
entity   DEC38   is
    port (A:in std_logic_vector (2 downto 0);
          Y:out std_logic_vector (7 downto 0) );
end   DEC38;
architecture   ONE   of   DEC38   is
    begin
        process (A)   begin
            case   A   is
                when "000" => Y<= "00000001";
                when "001" => Y<= "00000010";
```

```
            when "010" => Y<= "00000100";
            when "011" => Y<= "00001000";
            when "100" => Y<= "00010000";
            when "101" => Y<= "00100000";
            when "110" => Y<= "01000000";
            when others => Y<= "10000000";
        end case;
    end process;
end    ONE;
```

4. 循环语句

（1）for-in-loop 语句：

```
[loop 标号：] for 循环变量 in 循环变量取值范围 loop   --循环次数由 in 子句确定
                                            顺序语句；
end loop [loop 标号]；
```

（2）while-loop 语句：

```
[loop 标号：] while 条件 loop   --条件为真执行循环体内的顺序语句，否则结束循环
                            顺序语句；
end loop [loop 标号]；
```

（3）next 语句：

```
next；                     --跳到循环起点 loop 处开始下一次循环
next loop 标号 ；           --跳到"loop 标号"处开始下一次循环
next [loop 标号] when 条件；  --条件为真跳到"loop 标号"处开始下一次循环，
                            否则执行 next 之后的语句
```

（4）exit 语句：

```
exit；                     --跳到循环终点 end loop 处结束循环
exit loop 标号 ；           --跳到此循环体外的"loop 标号"处结束循环
exit [loop 标号] when 条件；  --条件为真跳到此循环体外的"loop 标号"处结
                            束循环，否则执行 exit 之后的语句
```

【例 8.3.5】 8 位数据线上传输的是两位十进制数（8421BCD 码），当该数能被十进制数 11 整除时标志信号 F 置 1，否则 F 置 0。试设计此逻辑电路。

```
library ieee；
use ieee.std_logic_1164.all；
entity  FLG  is
    port(D:in std_logic_vector(7 downto 0)；
         F: out std_logic)；
end  FLG；
architecture   ONE   of  FLG  is
```

```
begin
   process (D )
      variable X: std_logic;
      begin
         X:='1';
         for  n  in 0 to 3   loop        --循环变量 n 为整数型，直接引用
            if   D(n)/=D(n+4)   then
               X:='0';
            end if;
         end loop;
         F<=X;
   end process;
end   ONE;
```

5. 子程序调用与返回语句

在进程中允许对子程序进行调用。子程序包括过程和函数，可以在结构体或程序包中的任何位置对子程序进行调用。

（1）过程调用语句：

过程名　[（[形参名 = >] 实参表达式；
　　　　　{，[形参名 = >] 实参表达式}）]；

一个过程的调用有三个步骤：首先将 in 和 inout 端口模式的实参值赋给被调用过程的对应形参，然后执行此过程，最后将此过程的形参值返还给对应的实参。

（2）函数调用。函数调用与过程调用十分相似，不同之处是调用函数将返回一个指定数据类型的值，函数的参量只能是输入值。

（3）返回语句：

```
return；          --用于过程的结束，不返回任何值
return 表达式；    --用于函数的结束，返回表达式的值
```

6. 其他语句

（1）wait 语句：

```
wait；              --进程被永远挂起，即不能启动进程
wait on 敏感信号表；  --进程被挂起，直到敏感信号的任何变化才结束挂起
wait until 条件；    --进程被挂起，直到条件中的信号发生变化且使条件为真才结束挂起
wait for 时间；      --从执行 wait 语句开始，在 for 子句所确定的这段时间内进程被挂起
```

（2）null 语句：

```
null；              --空操作，使程序运行流程跳入下一条语句执行
```

8.3.2 并行语句

1. 进程语句

（1）process 语句：

  [进程标号：]process[（敏感信号表）][is]

      [进程说明部分]

     begin

      顺序语句；

    end process[进程标号]；

  ① 敏感信号表：敏感信号表中的信号发生任何变化都会启动进程。若敏感信号表空，则进程的启动只能依赖进程启动语句 wait，wait 语句能监视信号的变化，以决定是否启动进程。可将 wait 语句看作隐式的敏感信号表。

  ② 进程说明部分：主要定义一些局部量，包括数据类型、常数、变量、属性和子程序等，但不允许定义信号。

（2）进程的特点如下：

  ① 进程只有静态和动态之分，静态是指处于挂起等待状态，动态是指进程被敏感信号启动。敏感信号变化立即启动进程，即进入执行状态，遇到 end process 立即结束进程。这是一个瞬间完成的过程，与进程内部顺序语句的多少无关。

  ② 一个结构体可以有多个进程，这些进程是同步运行的，信号相当于进程之间通信的介质（通信线）。

  ③ 在一个进程中，只允许描述对应于一个时钟信号的同步时序逻辑。

2. 并行信号赋值语句

（1）简单信号赋值语句：

  赋值目标信号<=表达式

（2）条件信号赋值语句：

  赋值目标信号<=表达式 1 when 条件 1 else --条件 1 为真，将表达式 1 的值送赋
                 值目标信号

      表达式 2 when 条件 2 else --条件 2 为真，将表达式 2 的值送赋
                 值目标信号

       ……

      表达式 n；   --以上条件均为假，将表达式 n 的值送
                 赋值目标信号

（3）选择信号赋值语句：

  with 选择表达式 select

    赋值目标信号<=表达式 1 when 选择值 1， --选择表达式等于选择值 1，将表达
                   式 1 的值送赋值目标信号

       表达式 2 when 选择值 2， --选择表达式等于选择值 2，将表达

式 2 的 值 送 赋 值 目 标 信 号

……

表 达 式 2　when　选 择 值 n；　　--选 择 表 达 式 等 于 选 择 值 n，将 表 达

式 n 的 值 送 赋 值 目 标 信 号

【例 8.3.6】3~8 译码器：二进制原码输入，当片选信号 CS 为低电平时，低电平输出有效；当片选信号 CS 为高电平时，译码器输出无效（为全 1）。试设计此逻辑电路。

```
library ieee；
use ieee.std_logic_1164.all；
entity  DEC38  is
   port (A:in std_logic_vector (2 downto 0)；
        CS:in std_logic；
        Y: out std_logic_vector (7 downto 0) )；
end  DEC38；
architecture  ONE  of  DEC38  is
   signal  S: std_logic_vector (3 downto 0)；
   begin
    S<=CS&A；
    with  S  select
      Y<= "11111110" when "0000"，
          "11111101" when "0001"，
          "11111011" when "0010"，
          "11110111" when "0011"，
          "11101111" when "0100"，
          "11011111" when "0101"，
          "10111111" when "0110"，
          "01111111" when "0111"，
          "11111111" when  others；
   end  ONE；
```

【说明】虽然例 8.3.6 没有使用进程语句，但是选择信号赋值语句就是一个进程，选择信号 S 是这个进程的敏感信号。一旦 S（实际上是输入信号 A 和 CS）发生变化就启动此进程，即输入信号的变化决定输出 Y 的值。从语句功能来看，条件信号赋值语句与 if 语句相似，选择信号赋值语句与 case 语句相似，但是前者是并行语句，具有进程语句的特征，因而可以与 process 语句并列使用；而后者是顺序语句，无进程语句的特征，当然不能与 process 语句并列使用，只能放置于 process 语句的内部。

【例 8.3.7】十进制加 1 计数器：该计数器含有异步清零端、计数使能端和进位输出端。

```
library ieee；
use ieee.std_logic_1164.all；
```

```
use   ieee.std_logic_unsigned.all；
entity   CNT10   is
    port（CLK，RST，EN:in std_logic；
        Q:out std_logic_vector（3 downto 0）；
        C: out std_logic ）；
end   CNT10；
architecture   ONE   of   CNT10   is
    begin
        process（CLK，RTS，EN）
            variable QI：std_logic_vector（3 downto 0）；
            begin
                if   RTS='1'   then   QI：=（ others=>'0' ）；        --计数器复位
                    elsif   CLK'event   and   CLK='1'   then
                    if   EN='1'   then                          --允许计数
                        if   QI < "1001"   then   QI：=QI+1；
                        else   QI：=（ others=>'0' ）；           --大于9时计数器清0
                            end if；
                    end if；
                end if；
                if   QI="1001"   then   C<= '1'；                  --等于9时输出进位信号
                    else   C<='0'；
                end if；
                Q<=QI；
            end process；
end   ONE；
```

3. 元件例化语句

元件例化语句就是引入一种连接关系，将预先设计好的设计实体定义为一个元件，然后利用特定的语句将此元件与当前的设计实体中的指定端口相连接，从而为当前实体引进一个新的低一级的设计层次。在这里，当前设计实体相当于一个较大的电路系统，所定义的例化元件相当于一个要插入这个电路板上的芯片，而当前设计实体中指定的端口则相当于这块电路板上准备接受此芯片的一个插座。元件例化是使 VHDL 设计实体构成自上而下层次化设计的一种重要途径。

（1）元件定义语句：

```
component   元件名   is
    generic（ 类属表 ）；
    port（ 端口名表 ）；
end   component   文件名；
```

元件定义语句相当于对一个现成的设计实体进行封装，使其只留出对外的接口界面，就像一片集成电路芯片只留出几只引脚一样。类属表可列出端口的数据类型和参数，端口名表可列出对外通信的各端口名。

（2）元件例化语句：

例化名：例化元件名　port　map（[例化元件端口名 =>] 连接实体端口名，……）；

元件例化语句中的例化名类似于标在当前实体中的一个插座名，而例化元件名指要插入此插座上的已定义元件。port map 是端口映射的意思，其中例化元件端口名是指已定义元件的端口名，连接实体端口名是指当前实体与接入元件对应端口相连的端口名。

【例 8.3.8】　利用例 8.1.1（文件名 CNT3.VHD）和例 8.3.4（文件名 DEC38.VHD）设计一个以 8 个节拍为周期的节拍发生器。

```
library ieee;                              --节拍发生器顶层设计描述
use ieee.std_logic_1164.all;
entity   JP8   is
    port (CLK:in std_logic;                --定义输入时钟
             P:out std_logic_vector (7 downto 0) );    --定义输出节拍信号
end   JP8;
architecture   ONE   of   JP8   is
    component   CNT3   is                  --将 3 位二进制加 1 计数器定义为元件 1
        port（CP:in std_logic;
                Q:out std_logic_vector (2 downto 0) );
    end   component   CNT3;
    component   DEC38   is                 --将 3~8 译码器定义为元件 2
        port (A:in std_logic_vector (2 downto 0);
                Y: out std_logic_vector (7 downto 0) );
    end   component   DEC38;
    signal   X: std_logic_vector (2 downto 0) ;
    begin
        U1: CNT3   port map（CP=>CLK，Q=>X）;    --将元件 1 连接到顶层设计实体中
        U2: DEC38   port map（A=>X，Y=>P）;      --将元件 2 连接到顶层设计实体中
end   ONE;
```

4. 生成语句

生成语句可以简化为有规则设计结构的逻辑描述。生成语句有一种复制作用，在设计中，只要根据某些条件，设定好某一元件或设计单位，就可以利用生成语句复制一组完全相同的并行元件或设计单元电路结构。

（1）for-generate 语句：

[标号：] for 循环变量 in 循环变量取值范围 generate
　　　　说明部分；　　　　--对元件数据类型、子程序和数据对象进行说明

```
            begin
                并行语句；
        end generate [标号]；
```

（2）if-generate 语句：

```
  [标号：] if  条件  generate
            说明部分；              --对元件数据类型、子程序和数据对象进行说明
            begin
                并行语句；
        end generate [标号]；
```

【例 8.3.9】设计一个 8 位二进制异步加 1 计数器，该计数器由 8 个 D 触发器组成，低位触发器的反端输出 $\bar{Q}_{i-1}$ 作为高位触发器的时钟 CP_i，最低位触发器 DF0 的时钟 CLK 由外部提供。即各触发器的次态方程为：$Q_0^1 = \bar{Q}_0(CLK \uparrow)$，$Q_i^1 = \bar{Q}_i(\bar{Q}_{i-1} \uparrow)$ $i = 1, 2, \cdots, 7$。

```
    library ieee;
    use ieee.std_logic_1164.all;
    entity  DF  is                          --设计 D 触发器
      port (D，CP:in std_logic;
          Q，NQ:out std_logic);
    end  DF；
    architecture  AA  of  DF  is
      begin
      process（CP）begin
        if  CP'event  and  CP='1'  then
            Q<=D；
            NQ<=not D；
        end if；
      end process；
    end  AA；


    library ieee;
    use ieee.std_logic_1164.all;
    entity  CNT8  is                        --设计 8 位计数器
      generic（n: integer：=8）；
      port（Q：out std_logic_vector (0 to n-1)；
            CLK：in std_logic）；
    end  CNT8；
    architecture  BB  of  CNT8  is
      component  DF                         --将 D 触发器定义为元件
```

```
        port（D，CP：in std_logic；
              Q，NQ：out std_logic）；
      end   component   DF；
      signal S：std_logic_vector (0 to n)；
      begin
          S (0)<=CLK；                --8 位计数器的计数时钟 CLK 送最低位的 D 触发器
          for i in 0 to n-1 generate    --循环生成 8 个依次连接的 D 触发器
            U：DF port map（S (i+1)，S (i)，Q (i)，S (i+1)）；
          end generate；
        end   BB；
```

【说明】让我们来解读 for-generate 语句。当 $i = 0$ 时由例化元件 DF 生成触发器 $DF0$，此时 DF 的 D 端输入映射为 $DF0$ 的 D 端输入 $S(1)$，DF 的时钟 CP 映射为 8 位计数器的计数时钟 $CLK（S(0)）$，DF 的两个输出 Q 和 NQ 分别映射为 $DF0$ 的两个输出 $Q(0)$ 和 $S(1)$。这里的 $S(1)$ 是结构体内的一个节点，它将 $DF0$ 的反端输出与其 D 端输入连接起来。当 $i = 1$ 时由 $DF0$ 生成触发器 $DF1$，此时 $DF0$ 的 D 端输入 $S(1)$ 映射为 $DF1$ 的 D 端输入 $S(2)$，$DF0$ 的时钟 $S(0)$ 映射 $DF1$ 的时钟 $S(1)$，$DF0$ 的两个输出 $Q(0)$ 和 $S(1)$ 分别映射为 $DF1$ 的两个输出 $Q(1)$ 和 $S(2)$。这里的 $S(2)$ 也是结构体内的一个节点，它将 $DF1$ 的反端输出与其 D 端输入连接起来……如此循环 8 次即可生成 8 位二进制异步加 1 计数器。该计数器有一个输入端口 CLK，有一个 8 位的输出端口 $Q(0)\sim Q(7)$，而 $S(0)\sim S(8)$ 都是结构体的内部节点。

5．多进程设计举例

【例 8.3.10】设计十进制计数-译码器 CC4017。

```
     library ieee；
     use ieee.std_logic_1164.all；
     use ieee.std_logic_unsigned.all；
     entity   CC4017   is
         port (CP,CLR,INH:in std_logic；
               Y:out std_logic_vector(9 downto 0)；
           CO:out std_logic)；
     end   CC4017；
     architecture   ONE   of   CC4017   is
         signal QQ:std_logic_vector(3 downto 0)；
         begin
           P1: process(CP,CLR,INH) begin           --进程 P1 为十进制计数器
             if   CLR='1' then   QQ<="0000"；
             elsif   CP'event   and   CP='1' then
               if   INH='0' then
                   if   QQ< "1001"   then   QQ<=QQ+1；
                   else   QQ<="0000"；
```

```
                    end if;
                end if;
            end if;
        if  QQ<"0101"   then   CO<='1';          --第 0 至第 4 个 CP 时钟时 CO 为高电平
            else   CO<='0';                      --第 5 至第 9 个 CP 时钟时 CO 为低电平
            end if;
        end process P1;
        P2: with   QQ   select                   --进程 P2 为 4～10 译码器
            Y<= "0000000001" when "0000",
                "0000000010" when "0001",
                "0000000100" when "0010",
                "0000001000" when "0011",
                "0000010000" when "0100",
                "0000100000" when "0101",
                "0001000000" when "0110",
                "0010000000" when "0111",
                "0100000000" when "1000",
                "1000000000" when "1001",
                "0000000000" when   others;
    end   ONE;
```

8.3.3 子程序

子程序是利用顺序语句来定义和完成算法的，它可以在 VHDL 程序的三个不同位置进行定义，即在程序包、结构体或进程中定义。但由于只有在程序包中定义的子程序可被其他不同的设计所调用，所以一般应该将子程序放在程序包中。必须注意综合后的子程序将映射于目标芯片中的一个相应的电路模块，每调用一次都会在硬件结构中产生一个这样的电路模块。

1. 函　数

函数分为预定义函数和用户自定义函数两种，预定义函数是指在库中已定义的具有专用功能的那些函数，这种函数在库打开的情况下直接调用。而用户自定义函数必须先定义，然后才能调用，其定义格式为：

```
function   函数名（参数表）return   数据类型；     --函数首
function   函数名（参数表）return   数据类型   is  --函数体

[说明部分]

    begin
        顺序语句；
end function   函数名；
```

2. 重载函数

VHDL 允许以相同的函数名定义函数，即重载（overloaded）函数。但这时要求函数中定义的操作数具有不同的数据类型，以便调用时可以分辨不同功能的同名函数。在具有不同数据类型操作数构成的同名函数中，以运算符重载式函数最为常用。这种函数为不同数据类型间的运算带来极大的方便。VHDL 中预定义的运算符如" + "，"and"和">"等均可以被重载，赋予其新的数据类型操作功能，允许不同数据类型之间用此运算符进行运算。如例 8.1.1 中的运算"Q1 + 1"就是两种不同数据类型之间进行运算。

3. 过　　程

过程与函数类似，但过程的调用可通过其界面获得多个返回值，而函数只能返回一个值。在函数的入口所有的参数都是输入参数，而过程的入口有输入参数、输出参数和双向参数。过程在结构体或进程中以分散语句的形式存在，而函数经常在赋值语句或表达式中使用。过程可以单独存在，而函数通常作为语句的一部分调用。

过程和函数都有两种形式，即并行过程和并行函数，顺序过程和顺序函数。并行过程和并行函数存在于进程或者其他子程序的外部，而顺序过程和顺序函数存在于进程或者其他子程序的内部。当某个过程处于并行环境中，其过程体中定义的任一 in 或 inout 类型的目标参量发生改变时将启动过程的调用。

过程的定义格式为：

```
procedure   过程名（参数表）;              --过程首
procedure   过程名（参数表） is            --过程体
[说明部分]
    begin
        顺序语句;
end procedure   过程名;
```

8.3.4　属性描述

VHDL 中预定义的属性描述函数可用于对信号或其他项目的多种属性进行检测。VHDL 中具有属性的项目有：类型、子类型、过程、函数、信号、变量、常量、实体、结构体、配置、程序包、元件和语句标号等，属性是这些项目的特性。某一项目的属性可以用一个值或一个表达式来表示，通过 VHDL 的预定义属性描述函数就可以访问。属性的值与数据对象（信号、变量和常量）的值完全不同，在某时刻一个数据对象只能有一个值，却可以有多个属性。

预定义属性描述函数的格式为：

属性测试项目名'属性标识符

1. 信号类属性'event 和'stable

（1）'event：被测试的信号在当前极小的时间段 δ 内发生了变化则返回布尔值 true，否则返回 false。'event 常用于 if 语句的条件中。在例 8.1.1 中，条件"CP'event　and　CP = '1'"是用来检测时钟信号 CP 的上升沿的，若条件为真表明在 δ 时间内检测到信号 CP 发生了变化且变化后的状态为'1'。同理，条件"CP'event　and　CP = '0'"可用来检测信号 CP 的下降沿。

（2）'stable：被测试的信号在当前极小的时间段 δ 内未发生变化则返回布尔值 true，否则返回 false。

2. 数值类属性'left，'right，'high 和'low

【例 8.3.11】利用属性函数'low 和'high 设计奇偶校验电路。

```
library ieee;
use ieee.std_logic_1164.all;
entity  PRITY  is
  generic (BUS_SIZE：integer:=8);
  port (INPUT_BUS:in std_logic_vector (BUS_SIZE-1 downto 0) ;
      EVEN_NUMBITS，ODD_NUMBITS:out std_logic );
end  PRITY;
architecture  BEHAVE  of  PRITY  is
  begin
    process（INPUT_BUS）
    variable  TEMP: std_logic;
    begin
      TEMP:= '0';
      for i in  INPUT_BUS'low  to  INPUT_BUS'high  loop
        TEMP:=TEMP xor INPUT_BUS(i );
      end  loop;
      ODD_NUMBITS<=TEMP;              --偶校验
      EVEN_NUMBITS<=not TEMP;         --奇校验
    end  process;
end  BEHAVE;
```

3. 数组属性'length

'length 用来对数组的宽度或元素的个数进行测定。

4. 数据区间类属性'range 和'reverse_range

'range 和'reverse_range 对属性项目取值区间进行测试，返回的不是一个具体值，而是一个区间。对于同一个属性项目，'range 和'reverse_range 返回的区间次序是相反的，前者与原项目次序相同，后者与原项目次序相反。

【阅读】原码一位乘运算器*

如图 8.3.1 所示，电路设置了三个状态：初始状态 T_0，当乘法启动标志 $S=0$ 时无任何操作，系统维持初始状态不变。当 $S=1$ 时启动乘法运算，累加器 ACC 清 0，被乘数送入 B，乘数送入 Q，计数器 P 赋初值 8，然后进入 T_1 状态。在 T_1 状态下计数器 P 减 1 并检测 Q 的最低位 Q_0，若 $Q_0=1$ 则累加器加被乘数（$ACC+B$），否则不加，然后进入 T_2 状态。在 T_2 状态下

ACC 与 Q 组合成一个复合寄存器右移 1 位，且 ACC 的最高进位清 0，于是在 ACC 中得到一个新的部分积。若 $P \neq 0$ 则返回 T_1 状态循环下去，否则乘法运算结束回到 T_0 状态。

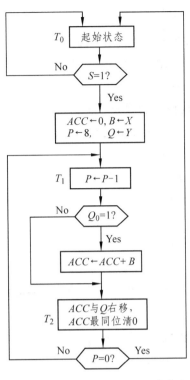

图 8.3.1　8 位原码一位乘流程图

源程序如下：

```
LIBRARY ieee;
USE ieee.std_logic_1164.all;
USE ieee.std_logic_unsigned.all;
ENTITY mul8 is
    PORT(s,clk:in std_logic;                          --s 为乘法启动标志，clk 为时钟
        X,Y:in std_logic_vector(7 downto 0);         --被乘数 X 和乘数 Y
        ACC:buffer std_logic_vector(8 downto 0);     --累加寄存器 ACC 多 1 位，用于保存最高进位
        Q:buffer std_logic_vector(7 downto 0);       --Q 用于暂存乘数
        P:buffer std_logic_vector(3 downto 0));      --每加 1 次，计数器 P 减 1
end ENTITY;
ARCHITECTURE one of mul8 is
    type STATE_type is (T0,T1,T2);
    signal STATE:STATE_type:=T0;
    signal B:std_logic_vector(8 downto 0);           --B 的低 8 位用于保存乘数
BEGIN
P1:PROCESS(clk)                                      --此进程用于描述状态转移
```

```
      BEGIN
        IF clk'event   and   clk='1' then
          CASE STATE is
            WHEN T0=> IF s='0' then STATE<=T0;
                      ELSE STATE<=T1;
                      END IF;
            WHEN T1=> STATE<=T2;
            WHEN T2=> IF P="0000" then STATE<=T0;
                      ELSE STATE<=T1;
                      END IF;
            WHEN others=> STATE<=T0;
          END CASE;
        END IF;
      END PROCESS;
  P2:PROCESS(clk)                              --此进程描述寄存器操作
      BEGIN
        IF clk'event   and   clk='1' then
          CASE STATE is
            WHEN T0=> B<='0'&X;
                      IF s='1' then
                        ACC<="000000000";
                        P<="1000";            --计数器 P 赋初值 8
                        Q<=Y;
                      END IF;
            WHEN T1=> P<=P-1;
                      IF Q(0)='1' then
                        ACC<=ACC+B;
                      END IF;
            WHEN T2=> ACC(7 downto 0)<=ACC(8 downto 1);   --ACC 右移一位
                      Q<=ACC(0)&Q(7 downto 1);            --Q 右移一位
                      ACC(8)<='0';                         --ACC 的最高位清 0
            WHEN others=> null;
          END CASE;
        END IF;
      END PROCESS;
  END ARCHITECTURE;
```

习　题

8-1　用 VHDL 语言描述：将输入信号 A 和 B 相与、相或、取与非、取或非、取异或和取同或共 6 个信号输出的电路。

8-2　用 VHDL 语言分别描述：① 三态门；② 8 位单向数据缓冲器；③ 8 位双向数据缓冲器。

8-3　用 VHDL 语言描述：含有一个片选端的 16 ~ 4 优先编码器。

8-4　用 VHDL 语言描述：含有一个片选端的 4 ~ 16 译码器。

8-5　用 VHDL 语言描述：将 8421BCD 码转换为余 3 码的电路，当输入是伪码时标志信号置 1。

8-6　用 VHDL 语言分别描述：① 驱动 1 只七段数码管显示的电路；② 驱动 4 只七段数码管静态显示的电路。

8-7　用 VHDL 语言分别描述：① 含有一个片选端的 4 选 1 数据选择器。② 将输入的 32 位数据分为 4 个字节，选择其中一个字节数据输出的电路。

8-8　用 VHDL 语言分别描述：① 一位全加器；② 8 位全加器。

8-9　用 VHDL 语言分别描述：① 8 位数据的奇校验码形成电路；② 奇校验检测电路。

8-10　用 VHDL 语言分别描述：① RS 触发器；② JK 触发器；③ D 触发器；④ T 触发器。

8-11　用 VHDL 语言设计 8 位数据锁存器，该锁存器含有异步清零端和输出使能端。

8-12　用 VHDL 语言设计 8 位加 1 计数器，该计数器含有异步清零端、计数使能端和进位输出端。

8-13　用 VHDL 语言设计 8 位可逆计数器，该计数器含有异步清零端、计数使能端和同步置数端。

8-14　用 VHDL 语言设计模 256 以内任意可变的减 1 计数器。

8-15　用 VHDL 语言设计一个含有同步置数端的可左移和右移的 16 位移位寄存器。

8-16　用 VHDL 语言设计一个序列信号发生器，设循环输出的信号为 "11100110"。

8-17　用 VHDL 语言设计一个序列信号检测器，可检出的信号为 "11100110"，当检测正确时标志信号置 1。

附 录

附录 1 教材实验使用的主要芯片引脚图

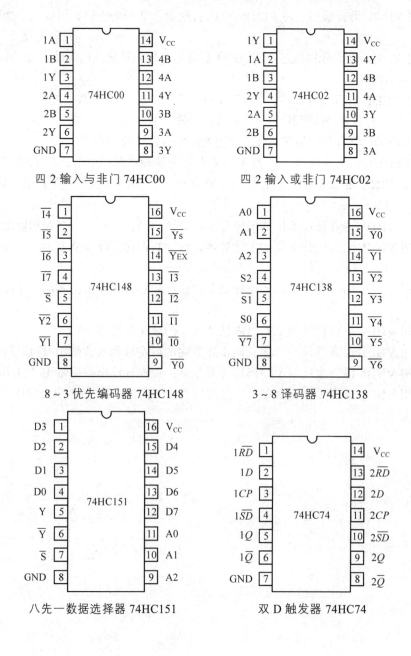

四 2 输入与非门 74HC00

四 2 输入或非门 74HC02

8 ~ 3 优先编码器 74HC148

3 ~ 8 译码器 74HC138

八先一数据选择器 74HC151

双 D 触发器 74HC74

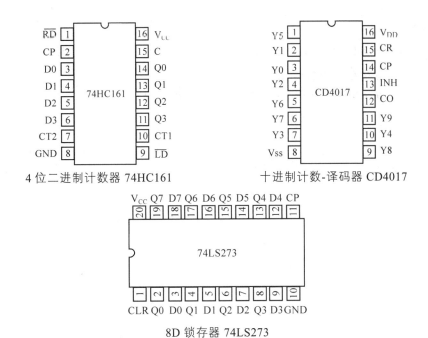

4 位二进制计数器 74HC161

十进制计数-译码器 CD4017

8D 锁存器 74LS273

附录 2　部分设计性实验的解

1　组合逻辑电路的设计

1.1　举重裁决：习题 3-6

解 1：设 A、B、C 赞成为 1，反对为 0；绿灯 G 亮表示成功，红灯 R 亮表示失败。
见图 1.1（a），用 74HC00 实现

$$G = A\bar{B}C + AB\bar{C} + ABC = AB + AC = \overline{\overline{AB}\ \overline{AC}}$$

解 2：见图 1.1（b），用 74HC151 实现

$$G = \sum m_i\ (i = 5,\ 6,\ 7) = m_0 \cdot 0 + m_1 \cdot 0 + m_2 \cdot 0 + m_3 \cdot 0 + m_4 \cdot 0 + m_5 \cdot 1 + m_6 \cdot 1 + m_7 \cdot 1$$

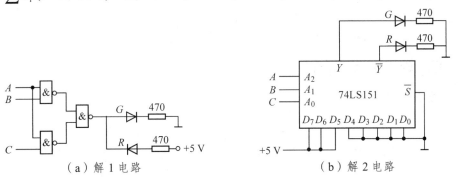

（a）解 1 电路　　　　（b）解 2 电路

图 1.1　举重裁决电路图

1.2　四人表决：习题 3-5

解：见图 1.2，设 A、B、C、D 赞成为 1，反对为 0；绿灯 G 亮表示决议通过，红灯 R 亮

表示决议被否决。

$$G = \sum m_i \ (i = 7,\ 11,\ 13,\ 14,\ 15)$$

$$= \bar{A}BCD + A\bar{B}CD + AB\bar{C}D + ABC\bar{D} + ABCD$$

$$= m_0 \cdot 0 + m_1 \cdot 0 + m_2 \cdot 0 + m_3 \cdot D + m_4 \cdot 0 + m_5 \cdot D + m_6 \cdot D + m_7 \cdot 1$$

1.3　四舍五入

解：见图 1.3，设输入数据为 8421BCD 码，设计"四舍五入"电路。即当输入数据大于 4 时输出为 1，否则为 0。

$$F(D_3,\ D_2,\ D_1,\ D_0) = \sum m_i \ (i = 5,\ 6,\ 7,\ 8,\ 9)$$

$$= m_0 \cdot 0 + m_1 \cdot 0 + m_2 \cdot D_0 + m_3 \cdot 1 + m_4 \cdot 1 + m_5 \cdot 0 + m_6 \cdot 0 + m_7 \cdot 0$$

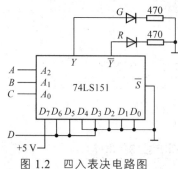

图 1.2　四入表决电路图

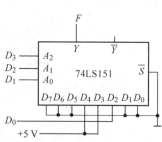

图 1.3　四舍五入电路图

1.4　函数发生器：见 3.2.6

解：见图 1.4，$Y = \bar{S}_1\bar{S}_0AB + \bar{S}_1S_0(A+B) + S_1\bar{S}_0\bar{A} + S_1S_0(A \oplus B)$

$$= m_0 \cdot 0 + m_1 \cdot B + m_2 \cdot B + m_3 \cdot 1 + m_4 \cdot 1 + m_5 \cdot 0 + m_6 \cdot B + m_7 \cdot \bar{B}$$

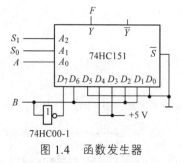

图 1.4　函数发生器

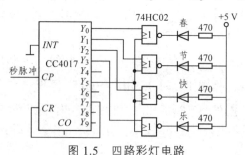

图 1.5　四路彩灯电路

2　时序逻辑电路的设计

2.1　脉冲源电路

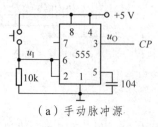

（a）手动脉冲源

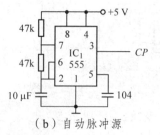

（b）自动脉冲源

图 2.1　手动与自动脉冲源电路

2.2 四路彩灯：习题 4-30

解：见图 2.2，用 4 位二进制数控制 4 路彩灯的亮和灭，1 使彩灯亮，0 使彩灯灭。电路循环输出 7 个状态：$1000 \rightarrow 0100 \rightarrow 0010 \rightarrow 0001 \rightarrow 0000 \rightarrow 1111 \rightarrow 0000 \rightarrow 1000 \rightarrow \cdots$，对应于 CC4017 的 $Y_0 \sim Y_6$ 输出。将 CC4017 连接成 7 个节拍的节拍发生器，Y_0 与 Y_5 取或非使"春"亮，Y_1 与 Y_5 取或非使"节"亮，Y_2 与 Y_5 取或非使"快"亮，Y_3 与 Y_5 取或非使"乐"亮。Y_4 与 Y_6 不用。

3 基于 555 时基芯片的设计

3.1 门磁报警器

解：见图 3.1，555 芯片连接成反相型施密特触发器。小磁钢（注意磁场方向）接近霍尔元件 A3144E，其第 3 脚为底电平，555 芯片 u_o 输出高电平，蜂鸣器不发声；小磁钢离开霍尔元件，其第 3 脚跳变为高电平，555 芯片 u_o 输出低电平使蜂鸣器发声。

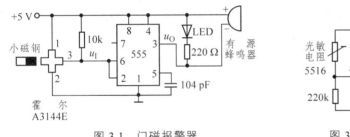

图 3.1　门磁报警器

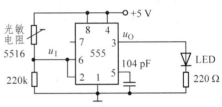

图 3.2　自动夜间指示器

3.2 夜间指示器

解：见图 3.2，555 芯片连接成反相型施密特触发器。白天光敏电阻 5516 小于 100 kΩ，$u_I > 2V_{cc}/3$，555 芯片 u_o 输出低电平使 LED 灭；黑暗时光敏电阻可达 1MΩ 以上，$u_I < V_{cc}/3$，555 芯片 u_o 输出高电平使 LED 亮。

3.3 雨滴报警器

解：见图 3.3，555 芯片连接成反相型施密特触发器。感应板上无水滴时的电阻大于 1 200 kΩ，感应板上有水滴时的电阻小于 100 kΩ。工作原理与例 5.3.1 类似。

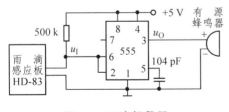

图 3.3　雨滴报警器

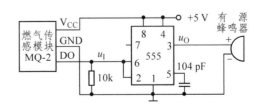

图 3.4　燃气/烟雾报警器

3.4 燃气/烟雾报警器

解：见图 3.4，555 芯片连接成反相型施密特触发器。工作原理与例 5.3.1 类似。

3.5 震动报警器

解：见图 3.5，555 芯片连接成多谐振荡器，频率约为 9 Hz。有源蜂鸣器有固定震动频率，加电压发声。静止时震动传感器 HDX 内的小钢珠使其两极处于短路状态，震动时小钢珠滚动造成两极时通时断，使蜂鸣器发出滴滴声。

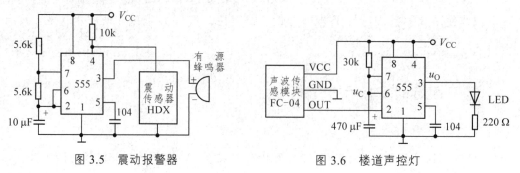

图 3.5　震动报警器　　　　　　　　　　　　图 3.6　楼道声控灯

3.6 楼道声控灯

解：见图 3.6，555 芯片连接成单稳态触发器。声音的振动使声波传感模块 FC-04 产生一个负脉冲输出，作为单稳态触发器的触发脉冲，u_O 由 0 上跳到 1 进入暂态，使 LED 亮。约 15 s 后 u_O 由 1 下跳到 0 回到稳态，使 LED 灭。

参考文献

［1］　蒋万君. 数字电路及数字系统设计[M]. 成都：西南交通大学出版社，2010.

［2］　阎石. 数字电子技术基础[M]. 北京：高等教育出版社，2006.

［3］　余孟尝. 数字电子技术基础简明教程[M]. 北京：高等教育出版社，2006.

［4］　白中英. 数字逻辑与数字系统[M]. 北京：科学出版社，2002.

［5］　欧阳星明. 数字逻辑学习与解题指南[M]. 武汉：华中科技大学出版社，2000.

［6］　方维，高荔. 电路与电子学基础[M]. 北京：科学出版社，2005.

［7］　黄继昌，郭继忠，等. 数字集成电路应用 300 例[M]. 北京：人民邮电出版社，2002.

［8］　潘松，黄继业. EDA 技术实用教程[M]. 北京：科学出版社，2002.

［9］　徐志军，王金明，等. EDA 技术与 PLD 设计[M]. 北京：人民邮电出版社，2006.